AF275754

Las matemáticas de Julio Verne

VICENTE MEAVILLA SEGUÍ

Las matemáticas de Julio Verne

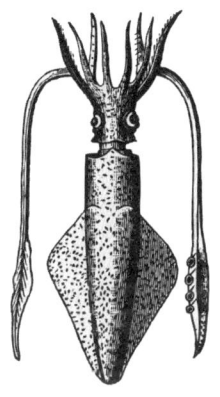

© Vicente Meavilla Seguí, 2024
© Talenbook, s.l., 2024

Primera edición: julio de 2024

Reservados todos los derechos. «No está permitida la reproduc-
ción total o parcial de este libro, ni su tratamiento informático,
ni la transmisión de ninguna forma o por cualquier medio, ya
sea mecánico, electrónico, por fotocopia, por registro u otros
métodos, sin el permiso previo y por escrito de los titulares del
copyright.»

Guadalmazán • Colección Matemáticas
Director editorial: Antonio Cuesta
Edición de Óscar Córdoba y Ana Cabello

www.editorialguadalmazan.com
pedidos@almuzaralibros.com - info@almuzaralibros.com

Talenbook, s.l.
C/ Cervantes, 26 • 28014 • Madrid

Imprime: Gráficas La Paz
ISBN: 978-84-19414-33-5
Depósito Legal: M-14926-2024
Hecho e impreso en España - *Made and printed in Spain*

Índice

Prólogo

En otros ensayos, publicados por Almuzara y Guadalmazán, hemos puesto de manifiesto la presencia de las matemáticas en el arte[1], en la religión[2] y en la guerra[3].

En los capítulos de este libro pasamos al campo de la novela y ofrecemos algunos ejemplos en los que se hace patente la influencia y aparición de las matemáticas en algunos de los Viajes extraordinarios de Julio Verne, padre de la literatura científica.

A lo largo y ancho de esta obra, el lector encontrará, por ejemplo, la decodificación de un mensaje secreto que permite descubrir la entrada que conduce al centro de la Tierra, un mensaje dirigido a los selenitas que incluye el teorema de Pitágoras, algunas referencias a matemáticos y científicos de otras épocas que realizaron notables contribuciones a la astronomía, notas históricas relativas a la medición de un arco de meridiano, alusiones al teorema de los senos y al procedimiento de triangulación, noticias de un matemático

---

1   *Las matemáticas del arte* (2007) y *El arte de las Matemáticas* (2016).

2   *Matemática sagrada* (2014).

3   *Las matemáticas en la guerra* (2016).

gallego, la medición indirecta de una muralla granítica, el cálculo del número de granos de una cosecha de trigo, etc,

Esperamos que la lectura de este libro deje satisfechos a los aficionados a las matemáticas, a los lectores convulsivos, a los profesores de Lengua y Literatura, a los jóvenes, a los más maduros, a los aventureros…

Vicente Meavilla Seguí
Teruel, verano de 2022

Capítulo 1.
Julio Verne, el hombre y la obra

1. EL HOMBRE

Jules Gabriel Verne, escritor, poeta y dramaturgo francés (Nantes, 8 de febrero de 1828-Amiens, 24 de marzo de 1905) fue el mayor de cinco hermanos[4] nacidos del matrimonio formado por el abogado Pierre Verne y Sophie Allote de la Fuye.

1.1. INFANCIA Y ADOLESCENCIA

Desde 1834 a 1836, Julio y Paul asistieron a la escuela de madame Sambain, esposa de un marino, que les contaba anécdotas de los viajes de su esposo. Estos relatos influyeron notablemente en el espíritu aventurero de nuestro biografiado.

---

4   Los hermanos de Julio Verne fueron Paul (1829-1897), Anna (1836-1919), Mathilde (1839-1920) y Marie Sophie (1842-1913).

Jules Verne

705

En octubre de 1837, a los nueve años de edad, Julio ingresó en el colegio Saint Stanislas de Nantes donde permaneció hasta 1840. En esta época, el adolescente Verne estuvo enamorado de su prima Caroline. Tal fue el grado de enamoramiento que Julio intentó enrolarse como grumete en un barco que viajaba a India, el Coralie, con la intención de comprar un collar de perlas para su amada.

Julio Verne (izquierda) y su hermano Paul.

El colegio Saint Stanislas (Nantes).

Más adelante, se matriculó en el Collège Royal de su ciudad natal donde se graduó como bachiller en 1845. En dicho establecimiento educativo el joven Verne destacó en geografía, latín, griego y música.

1.2. ESTUDIOS DE DERECHO Y ENCUENTRO CON ALEJANDRO DUMAS

En 1847, a los diecinueve años de edad, inició sus estudios de Derecho en París. Fue una época en la que empezó a escribir teatro, invirtió todos sus ahorros en libros y pasó mucho tiempo en las bibliotecas parisinas documentándose sobre temas de carácter científico. Es posible que su primo Henri Garcet[5] le enseñase matemáticas.

En 1849 obtuvo el título de abogado y siguió viviendo en la capital francesa. Ante la negativa de ejercer la abogacía para dedicarse a la literatura, su padre dejó de financiarle y, debido a una alimentación deficiente, contrajo alguna que otra enfermedad de carácter digestivo.

En una carta dirigida a su madre, Julio se expresaba en los siguientes términos:

«Una vida que limita al norte con el estreñimiento, al sur con la descomposición, al este con las lavativas exageradas, al oeste con las lavativas astringentes (…)».

---

5   Henri Garcet (1815-1871), antiguo alumno de la Escuela Normal y profesor de Matemáticas en el Liceo Napoleón, escribió las *Leçons nouvelles de Cosmographie* (1854) y algunos textos de matemáticas en colaboración con Joseph Bertrand (1822-1900).

En esta época, inició su amistad con el escritor Alejandro Dumas (1802-1870) que le apoyó en su carrera literaria, convirtiéndose en su protector y consejero.

Alejandro Dumas. [Museo Carnavalet]

LA ANÉCDOTA DE LA TORTILLA

Se dice que el encuentro entre Julio Verne y Alejandro Dumas se produjo en circunstancias que nada o poco tenían que ver con la literatura.

En efecto.

A la salida de una reunión en el salón de madame Barreré, Julio Verne tropezó con un caballero que estaba subiendo las escaleras de forma apresurada.

En lugar de disculparse, Julio le dijo:

—Seguro que usted ha cenado bien esta noche.

—En efecto, una tortilla a la nantesina… —respondió el desconocido.

—Las tortillas a la nantesina que hacen en París no valen nada, hay que echarles azafrán —interrumpió Julio.

—¿Sabe usted hacer tortillas? —replicó el caballero.

—Sobre todo sé comérmelas —contestó Verne.

—Me debe usted una satisfacción. Aquí tiene mi tarjeta. El viernes le espero en mi casa para que me cocine una tortilla.

Ni que decir tiene que el caballero desconocido era Alejandro Dumas.

1.3. LA BODA

Durante la etapa de estudiante universitario Julio Verne formó parte del grupo misógino «los once sin mujer». Sin embargo, en 1857, contrajo matrimonio con Honorine de Viane, viuda y madre de dos hijas.

Fruto de dicho matrimonio nació un solo hijo, Michel, cuya relación con Julio no fue del todo satisfactoria.

Verne no fue un marido ejemplar, dado que aprovechaba cualquier oportunidad para desatender sus deberes conyugales. En más de una ocasión dejó sola a su mujer mientras se dedicaba a recorrer diversos países europeos.

Julio Verne y Madame Verne ca. 1900. [*L'Illustration*]

Ilustración de la batalla en la ría de Vigo en la edición de *20.000 leguas de viaje submarino* de 1860.

1.4. VERNE VISITA VIGO

Julio Verne dedicó un capítulo de sus *Veinte mil leguas de viaje submarino*[6] a la bahía de Vigo. En él, el capitán Nemo describe la batalla naval que se libró en el estrecho de Rande, en el interior de la ría gallega.

A finales del 1702, España esperaba un rico cargamento que Francia escoltó con una flota de veintitrés navíos al mando del almirante Cháteau Renault[7], para protegerlo de las correrías por el Atlántico de las naves de la coalición[8]. La flota debía ir a Cádiz, pero el almirante, enterado de que los barcos ingleses surcaban dicha zona, decidió dirigirla a un puerto de Francia. Esta decisión suscitó la oposición de los marinos españoles, que deseaban dirigirse a un puerto de su país, y propusieron ir a la bahía de Vigo, al noroeste de España, que no estaba bloqueada. El almirante se plegó a esta imposición y los galeones entraron en la bahía de Vigo. Esta bahía forma una rada abierta y sin defensa. Por tanto, era necesario apresurarse a descargar los navíos antes de que llegasen las flotas coaligadas, y no hubiera faltado tiempo para la descarga si no hubiera estallado una miserable cuestión de rivalidades (…).

Los comerciantes de Cádiz tenían el privilegio de ser los destinatarios de todas las mercancías procedentes de

---

6   Capítulo VIII de la segunda parte. Julio Verne también hace referencia a la bahía de Vigo en el capítulo XVI (tercera parte) de su novela *La isla misteriosa*.

7   Los galeones españoles iban al mando de Manuel de Velasco y Tejada. Los navíos franceses que los protegían estaban al mando de François Louis de Rousselet (1637-1716), conde de Châteaurenault.

8   En la batalla de Rande se enfrentaron las flotas franco-española y anglo-holandesa.

las Indias Occidentales. Desembarcar los lingotes de los galeones en el puerto de Vigo era ir en contra de su derecho. Por consiguiente, se quejaron en Madrid y obtuvieron del débil Felipe V que el convoy, sin proceder a la descarga, permaneciese fondeado en la rada de Vigo hasta que se hubieran alejado las fuerzas enemigas. Mientras se tomaba esta decisión, la flota inglesa apareció en la bahía de Vigo el 22 de octubre de 1702. Pese a su inferioridad, el almirante de Cháteau Renault se batió con valentía. Pero cuando vio que las riquezas del convoy iban a caer en manos del enemigo, incendió y hundió los galeones, que se sumergieron con sus inmensos tesoros.

En 1878 y 1884, Julio Verne visitó la ciudad de Vigo a bordo de su yate Saint Michel III.

En agradecimiento a esta visita, Vigo dedicó al escritor francés un bello monumento, obra del artista vigués José Molares.

El yate Saint Michel III.

Monumento a Julio Verne. José Molares (2005).

1.5. UN ATENTADO FAMILIAR

En marzo de 1886, Julio Verne fue víctima de un atentado. Su sobrino Gastón[9] le pidió dinero para realizar un viaje a Inglaterra. Ante la negativa de su tío, le disparó dos veces con un revólver. Una de las balas impactó en la pierna izquierda de Julio, dejándole cojo para el resto de su vida. A raíz de este incidente, Gastón fue internado en un manicomio.

Si a la antedicha cojera le añadimos los problemas digestivos citados anteriormente y los trastornos nerviosos que, en ocasiones, le producían parálisis facial, resulta evidente que el estado de salud de Verne a sus cincuenta y ocho años no era del todo satisfactorio.

---

9   Hijo de Paul Verne.

1.6. LOS ÚLTIMOS VEINTE AÑOS

El 17 de marzo de 1886 falleció su editor Pierre-Jules Hetzel.

Pierre-Jules Hetzel (1814-1886).

En 1887 murió su madre en Nantes.

En 1892 fue condecorado con la Legión de Honor.

En 1903 aceptó la presidencia del Grupo de esperanto[10] de Amiens y se comprometió a escribir un libro en el que dicho idioma jugase un papel preponderante.

El 24 de marzo de 1905, Julio Verne murió a causa de la diabetes y fue enterrado en el cementerio La Madeleine de Amiens.

---

10   Lengua creada artificialmente por el oftalmólogo polaco Ludwik Lejzer Zamenhof (1859-1917) en 1887 con la idea de que sirviera como un sistema de comunicación universal.

En su tumba, obra del escultor Albert Roze (1861-1952), se representa a Verne saliendo del sepulcro.

Tumba de Julio Verne (cementerio La Madeleine. Amiens).

2. LA OBRA: LOS VIAJES EXTRAORDINARIOS

A lo largo de su vida, Julio Verne escribió poesía, teatro y novela. Como novelista se le considera el padre del género literario de la ciencia ficción.

Sus *Viajes Extraordinarios* (*Voyages Extraordinaires*), título genérico con el que se conoce una colección de libros de viajes y aventuras, se publicaron entre 1863 y 1919 y están salpicados de noticias científicas concernientes a la geografía, botánica, zoología, astronomía, física, química, criptografía y matemáticas.

Algunos de ellos aparecieron periódicamente en revistas tales como *Magasin d'Éducation et de Récréation*, *Journal des débats politiques et littéraires*, *Le Soleil*, y *Le Temps*.

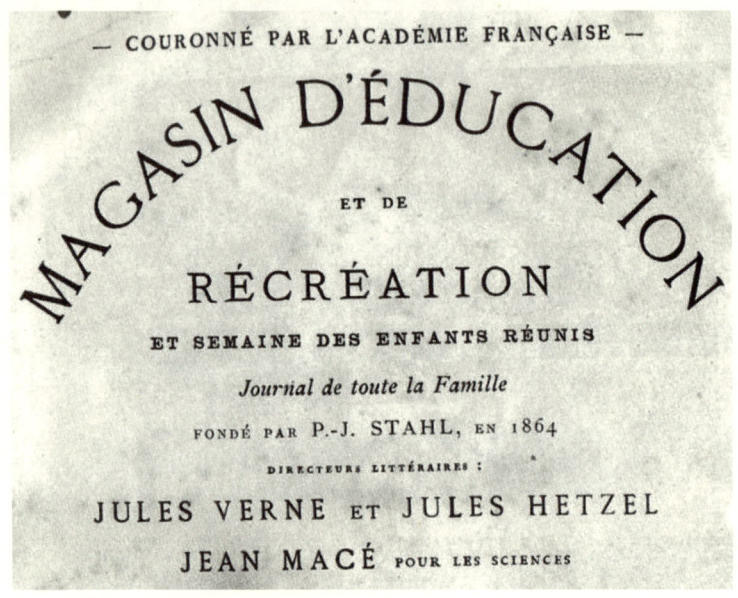

Desde una óptica matemática merecen especial atención las novelas *Viaje al centro de la Tierra* (1864), *De la Tierra a la Luna* (1865), *Aventuras de tres rusos y tres ingleses en el África austral* (1872), *La isla misteriosa* (1875), *La jangada* (1881), *Mathias Sandorf* (1885), y *Maravillosas aventuras de Antifer* (1894).

En la primera, gracias a la interpretación de un mensaje cifrado, se descubre la puerta de entrada al centro de la Tierra. En la segunda, se hace referencia al teorema de

Pitágoras, al *pons asinorum* y se aportan datos concernientes a matemáticos y astrónomos (Tales de Mileto, Aristarco de Samos, Clómedes, Beroso, Hiparco, Ptolomeo, Abul Wafa, Copérnico y Tycho Brahe) que contribuyeron al conocimiento del astro de la noche. En la tercera, se presta atención al problema de la medición de un arco de meridiano. En *La isla misteriosa* se ofrece un método indirecto para la determinación de la altura de una muralla de granito, se presentan algunas cuestiones relacionadas con las progresiones geométricas y se describen paisajes vegetales y minerales utilizando el lenguaje geométrico. En *La jangada* se analiza un método de sustitución para cifrar y descifrar mensajes, que se apoya en un 'número clave'. En la novela *Mathias Sandorf* se presenta un procedimiento que utiliza una rejilla perforada para encriptar y desencriptar documentos. Por último, en las *Maravillosas aventuras de Antifer*, se plantea un interesante problema de trigonometría esférica.

En los siguientes capítulos, estudiaremos con cierto detalle los aspectos matemáticos de dichas obras y algunas aplicaciones al diseño de actividades de enseñanza y aprendizaje.

Antes de entrar de lleno en dicha tarea, proponemos una cronología de algunos hechos científicos, filosóficos, artísticos, literarios, históricos, y políticos, que acontecieron durante la vida de Jules Gabriel Verne.

3. CRONOLOGÍA

Año	Ciencia, filosofía, arte y literatura	Historia y política	Julio Verne
1828	Nace el novelista León Tolstoi.	Andrew Jackson gana la presidencia de los EEUU.	Nace en Nantes, el 8 de febrero.
1834	Jacob Perkins fabrica hielo artificial.	Se firma la Cuádruple Alianza entre España, Francia, Portugal y el Reino Unido.	Con su hermano Paul asiste a la escuela de madame Sambain.
1845	Se estrena la ópera *Juana de Arco* de Verdi.	Se decreta en España la Constitución de 1845.	Se gradúa como bachiller.
1847	De Morgan propone dos leyes relativas a la Teoría de Conjuntos, conocidas como Leyes de De Morgan.	Liberia se independiza del Imperio británico.	Inicia los estudios de Derecho en París.
1849	Muere Edgar Allan Poe.	Se aprueba en España la Ley de Pesas y Medidas que establece el Sistema Métrico Decimal en el país y en todas sus posesiones.	Obtiene el título de abogado.
1857	Se publican *Les fleurs du mal* de Charles Boudelaire.	James Buchanam es nombrado presidente de los Estados Unidos.	Contrae matrimonio con Honorine de Viane.
1861	Muere el anatomista y cirujano británico Henry Gray.	Da comienzo la guerra de Secesión norteamericana.	Nace su hijo Michel.

Año	Ciencia, filosofía, arte y literatura	Historia y política	Julio Verne
1864	Nace el compositor alemán Richard Strauss.	Fernando Maximiliano José María de Habsburgo-Lorena es proclamado emperador de México con el nombre de Maximiliano I.	Publica *Viaje al centro de la Tierra*.
1865	Se publica *Alicia en el país de las maravillas* de Lewis Carrol.	Acaba la guerra de Secesión norteamericana.	Publica *De la Tierra a la Luna*.
1872	Edgar Degas pinta el óleo *Clase de danza en la Opera*.	Tomás Gutiérrez es nombrado presidente de Perú.	Publica *Aventuras de tres rusos y tres ingleses en el África austral*.
1875	George Bizet estrena la ópera *Carmen*.	Louis Buffet es nombrado primer ministro de Francia.	Publica *La isla misteriosa*.
1881	Nace el científico escocés Alexander Fleming.	Aparece el primer número de *La Vanguardia* (Barcelona).	Publica *La jangada*.
1884	Georges Pierre Seurat pinta *Un baño en Asnieres*.	León XIII publica la encíclica *Humanum genus* contra la masonería.	Visita Vigo.
1885	Vincent van Gogh pinta el óleo *Los comedores de patatas*.	Stephen Grover Cleveland es nombrado presidente de los Estados Unidos.	Publica *Mathias Sandorf*.
1886	Muere Pierre-Jules Hetzel, editor de Julio Verne.	Se funda la ciudad de Johannesburgo (Sudáfrica).	Recibe dos tiros de su sobrino Gastón.

Año	Ciencia, filosofía, arte y literatura	Historia y política	Julio Verne
1887	Descubrimiento de las ondas hertzianas.	El Imperio británico ocupa la región de Beluchistán.	Fallece su madre en Nantes.
1892	Se publican *Las aventuras de Sherlock Holmes* de sir Arthur Conan Doyle.	Theodoros Deligiannis acaba su mandato como primer ministro de Grecia.	Es condecorado con la Legión de Honor.
1894	Marconi descubre la telegrafía sin hilos.	El zar Nicolás II se casa con la zarina Alexandra.	Publica *Maravillosas aventuras de Antifer*
1903	Muere el pintor impresionista francés Camille Pissarro.	Muere el Papa León XIII. Le sucede Pío X.	Es nombrado presidente del Grupo de esperanto de Amiens.
1905	Albert Einstein publica la teoría de la relatividad especial.	Empieza la Revolución rusa.	Muere en Amiens, el 24 de marzo.

REFERENCIAS BIBLIOGRÁFICAS

- VERNE, J. (1867). *Voyage au centre de la Terre*. Paris: J. Hetzel.

- VERNE, J. (1871). *De la Terre á la Lune. Trajet direct en 97 heures* (Dixième edition). Paris: J. Hetzel.

- VERNE, J. (1872). *Aventures de trois russes et de trois anglais dans l'Afrique australe*. Paris: J. Hetzel.

- VERNE, J. (1875). *L'ile mystérieuse*. Paris: J. Hetzel.

- VERNE, J. (1881). *La jangada. Huit cents lieues sur l'Amazone*. Paris: J. Hetzel.

- VERNE, J. (1882). *De la Terre à la Lune. Trajet direct en 97 heures 20 minutes.* Paris: J. Hetzel.
- VERNE, J. (1885). *Mathias Sandorf.* París: J. Hetzel.
- VERNE, J. (1894). *Mirifiques aventures de Maitre Antifer.* Paris: J. Hetzel.

REFERENCIAS ONLINE

- Biografía de Julio Verne; http://srfogg.blogspot.com.es/p/biografia.html
- Biografía de Julio Verne: http://www.biografiasyvidas.com/biografia/v/verne.htm
- Julio Verne. El más desconocido de los hombres: http://jverne.net/
- Julio Verne se enamoró de Vigo: http://www.lavozdegalicia.es/noticia/vigo/2013/12/08/julio-verne-enamoro-vigo/0003_201312V8C2991.htm
- Las dos visitas de Julio Verne a Vigo contadas en detalle: http://www.vigoempresa.com/html/es/cover.php?id=112746#.WDQgdbLhBdi

Capítulo 2.
Un pergamino rúnico que conduce al centro de la Tierra

La novela *Viaje al centro de la Tierra* (*Voyage au centre de la Terre*) se publicó en 1864 con ilustraciones de Édouard Riou (1833-1900).

Los protagonistas de la obra son: (*i*) Otto Lidenbrock, catedrático de Mineralogía; (*ii*) Axel, sobrino del profesor Lidenbrock, enamorado de Graüben; (*iii*) Graüben, ahijada de Lidenbrock; (*iv*) Hans, guía contratado por Lidenbrock para su viaje al centro de la Tierra; (*v*) Marta, sirvienta de Axel y Lidenbrock.

Sobre estas líneas, Lidenbrock a la izquierda y Axel a
la derecha en ilustraciones de Édouard Riou. Abajo,
Graüben y Hans. Marta en la siguiente página.

La novela se desarrolla en cuarenta y cinco capítulos. En los cinco primeros, antes de que se inicie el viaje a
las entrañas de la Tierra, se relatan unos acontecimientos

cuyo interés criptomatemático es incuestionable.

Todo empieza cuando el profesor Lidenbrock adquiere un manuscrito rúnico, el Heims-Kringla[1] de Snorre Turleson[2], en cuyo interior se esconde un pergamino escrito también en caracteres rúnicos (véase la figura adjunta).

El pergamino.

El catedrático de Mineralogía sospecha que dicho documento es un criptograma[3] que contiene información relativa a algún asunto de interés. Por consiguiente, intenta descifrarlo.

---

1   «El círculo del mundo».

2   Según Verne, Snorre Turleson fue un autor islandés del siglo XII.

3   Mensaje en clave cuyo significado permanece oculto hasta que es descifrado.

Viaje al centro de la Tierra, cap. XXX. Ilustración de Édouard Riou.

En lo que sigue, nos ocuparemos del procedimiento utilizado para la decodificación del jeroglífico.

1. AUTORÍA DEL PERGAMINO

En primera instancia, el profesor Lidenbrock dicta a Axel las letras del alfabeto ordinario que corresponden a cada una de las runas[4] del pergamino.
Con esto se obtiene la siguiente distribución literal.

mm.rnlls	*esreuel*	*seecJde*
sgtssmf	*unteief*	*niedrke*
kt,samn	*atrateS*	*Saodrrn*
emtnaeI	*nuaect*	*rrilSa*
Atvaar	*.nscrc*	*ieaabs*
ccdrmi	*eeutul*	*frantu*
dt,iac	*oseibo*	*KediiI*

A la vista de esta disposición, carente de sentido, el profesor compara el manuscrito con el pergamino y concluye que dichos documentos fueron escritos por autores distintos. Más aún, el pergamino es posterior al manuscrito y entre los dos documentos hay, como poco, una diferencia de doscientos años.
Ante estos hechos, Lidenbrock sentencia:

«Me inclino a pensar que alguno de los propietarios del manuscrito escribió los misteriosos caracteres. Pero,

---

4   Carácter de escritura del alfabeto rúnico.

¿quién demonios sería? ¿No habría escrito su nombre en algún sitio?».

Ante estos interrogantes, el catedrático de Mineralogía inspecciona las primeras páginas del manuscrito con la ayuda de una lupa. Al dorso de la segunda hay una mancha que parece un borrón de tinta. Sin embargo, observándola con más detenimiento se distinguen en ella algunos signos borrosos.

La mancha de tinta.

Dichos caracteres, traducidos al alfabeto ordinario, equivalen a Arne Saknussemm, nombre de un famoso alquimista islandés del siglo XVI.

ARNES AKNU SSEMM
¡He aquí el autor del criptograma!

2. EL ANÁLISIS DE FRECUENCIAS Y LA LENGUA LATINA

Llegados a este punto, es preciso averiguar en qué lengua está escrito el mensaje cifrado. Para ello, Lidenbrock hace un recuento del número de veces que aparece cada una de las letras en el documento[5]. Resumimos este análisis en las dos tablas de frecuencias siguientes:

Vocales	Frecuencias
a	14
e	19
i	11
o	3
u	6
	53

Consonantes	Frecuencias
b	2
c	7
d	6
f	3
g	1
j	1
k	3
l	5
m	6
n	9
r	12
s	13
t	11
v	1
	80

5   Julio Verne, en palabras de Lidenbrock, solo se refiere al número de vocales (53) y consonantes (79).

En total, ciento treinta y tres letras de las cuales cincuenta y tres son vocales y ochenta son consonantes.

Atendiendo a estos números, el profesor infiere que el pergamino está escrito en una lengua del sur de Europa. Además, teniendo en cuenta que el idioma culto del siglo XVI era el latín, Lidenbrock cree estar autorizado para afirmar que el mensaje está escrito en esa lengua.

Con esta hipótesis, el catedrático de Mineralogía afronta el problema del descifrado y hace la siguiente reflexión concerniente al pergamino:

> «He aquí una serie de ciento treinta y dos letras que se presentan en un aparente desorden. Hay palabras, como *mm.rnlls*, que solo contienen consonantes; otras, al contrario, en las que abundan las vocales: por ejemplo, *unteief* y *oseibo*. Evidentemente, esta disposición no está hecha al azar, sino que está formada 'matemáticamente' a partir de una regla desconocida que rige la sucesión de estas letras. Me parece incuestionable que la frase primitiva se escribió regularmente, y después fue desordenada con arreglo a una ley que es preciso descubrir. El que tenga la llave de este cifrado lo leerá de corrido».

3. CÓMO DESORDENAR UNA FRASE Y VOLVERLA A ORDENAR

Para descubrir la llave del descifrado, Otto sugiere que una forma natural de desordenar una frase es escribir las palabras verticalmente en lugar de hacerlo horizontalmente.

Para ver el efecto de esta transposición, el profesor invita a su sobrino a que escriba una frase «codificada».

Axel escribe:

J	m	n	e	G	e
e	e	,	t	r	n
t'	b	m	i	a	!
a	i	a	t	ü	
i	e	p	e	b	

Acto seguido, a instancias de su tío, dispone las palabras horizontales sobre una línea horizontal.

JmneGe   ee,trn   t'bmia!   aiatü   iepeb

De este modo se han generado palabras en las que las consonantes y las vocales se agrupan desordenadamente, y las mayúsculas y los signos de puntuación aparecen en medio de las palabras, como en el pergamino de Saknussemm.

Además, tomando sucesivamente la primera letra de cada palabra, después la segunda, después la tercera, etc., se lee la frase:

Je t'aime bien, ma petite Graüben![6]

Con esto, el catedrático ha propuesto un procedimiento para cifrar y descifrar un mensaje.

---

6   «Te quiero, mi pequeña Graüben».

4. UN PEQUEÑO FRACASO

Otto Lidenbrock, entusiasmado con el antedicho procedimiento, lo pone en práctica con las palabras del pergamino. En este caso, tomando sucesivamente la primera letra de cada palabra, después la segunda, y así sucesivamente, se completa la «frase» siguiente:

mmessunkaSenrA.icefdoK.segnittamurtn
ecertserrette,rotaivsadua,ednecsedsadne
lacartniiiluJsiratracSarbmutabiledmek
meretarcsilucoIsleffenSnI [1]

Contrariamente a lo que había sucedido con la declaración amorosa de Axel, la serie de letras obtenida carece de significado alguno. Ante este fracaso, el científico sale de su casa y se escapa a todo correr.

5. UN DESCUBRIMIENTO CASUAL

Después de este contratiempo, Axel observa que, al dar la vuelta al papel en el que se ha escrito la frase [1], se descubren palabras latinas como *craterem* y *terrestre*. Más aún, para leer dicho documento basta con mirarlo al trasluz con la hoja vuelta del revés. En otras palabras: para traducir el pergamino se debe leer la frase [1] de derecha a izquierda, empezando por el final.

Con esto, la secuencia de letras obtenida por el profesor Lidenbrock se convierte en:

InSneffelsIoculiscrateremkemdelibatumbraScartaris
Juliiintracalendasdescende,audasviator,
etterrestrecentrumattinges.Kodfeci.ArneSaknussemm

De donde resulta fácil establecer el texto siguiente:

In Sneffels Ioculis craterem kem delibat umbra Scartaris
Julii intra calendas descende, audas[7] viator,
et terrestre centrum attinges. Kod feci.
Arne Saknussemm

que admite la traducción:

Desciende al cráter del Yocul[8] de Sneffels[9] que la som-
bra de Scartaris[10] acaricia antes de las calendas[11] de
julio, viajero audaz, y llegarás al centro de la Tierra,
como lo he hecho yo.

Arne Saknussemm

---

7   Debería decir *audax*.
8   En el capítulo VI de *Viaje al centro de la Tierra*, el profesor Lidenbrock,
     refiriéndose al término «Yocul» se expresa en los siguientes términos:
     «Este nombre significa glaciar en islandés y, debido a la elevada latitud de
     Islandia, la mayoría de las erupciones tienen lugar a través de las capas
     de hielo. De ahí que se aplique el nombre de Yocul a todas las montañas
     ignívomas de la isla».
9   También en el capítulo VI, Lidenbrock describe el volcán Sneffels con las
     siguientes palabras:
     «Una montaña de cinco mil pies de altura, una de las más notables de la
     isla y, a buen seguro, la más importante del mundo entero, si su cráter
     desemboca en el centro del globo terrestre».
10   Uno de los picos del volcán Sneffels.
11   En el calendario romano, las calendas eran el primer día de cada mes.
     Por consiguiente, la frase «antes de las calendas de julio» alude a los
     últimos días del mes de junio.

43

Con esto, el alquimista islandés muestra a Alex y su tío la puerta de entrada al centro de la Tierra.

Snaefellsjökull (Islandia). La puerta de
entrada al centro de la Tierra.

6. UN EJEMPLO A MODO DE RESUMEN

Supongamos que se quiere mandar el mensaje de treinta y dos letras:

Julio Verne escribió *Miguel Strogoff*

[1] EL MENSAJE CIFRADO

En primer lugar se invierte el mensaje original:

*ffogortSleugi*Móibircseenre*Voilu*J

Acto seguido, sin pérdida de generalidad, se separan las letras del mensaje invertido en grupos de seis letras cada uno, hasta que ello sea posible.

*ffogor tSleug i*Móibi rcseen re*Voil* uJ

Después, se escriben verticalmente dichos grupos. De este modo se forma una disposición literal con seis filas y seis columnas.

$$
\begin{array}{cccccc}
f & t & i & r & r & u \\
f & S & M & c & e & J \\
o & l & ó & s & V \\
g & e & i & e & o \\
o & u & b & e & i \\
r & g & i & n & l
\end{array}
$$

Por último, se escriben en una línea horizontal las seis filas de la distribución anterior:

*f*tirru *f*SMceJ *ol*ósV *ge*ieo *ou*bei *rg*inl

La sucesión obtenida, que consta de seis 'palabras', es el mensaje cifrado.

[2] EL MENSAJE DESCIFRADO

Para descifrar el mensaje se escribe sucesivamente: (*i*) la primera letra de cada una de las seis palabras, (*ii*) la segunda letra de cada palabra, (*iii*) la tercera letra de cada palabra, . . .

Procediendo de este modo, hasta que se agotan las treinta y dos letras, se obtiene la sucesión:

*ff*ogort*Sl*eugi*M*óibircseenreVoiluJ

Invirtiendo dicha serie literal resulta:

JulioVerneescribió*MiguelStrogoff*

De donde, el mensaje descifrado es:

Julio Verne escribió *Miguel Strogoff*

REFERENCIAS BIBLIOGRÁFICAS

- VERNE, J. (1867). *Voyage au centre de la Terre*. Paris: J. Hetzel.

REFERENCIAS ONLINE

- *Viaje al centro de la Tierra:* http://getafe.es/wp-content/uploads/Verne-Julio-Viaje-Al-Centro-De-La-Tierra.pdf

Capítulo 3.
Cañonazo planetario

La novela *De la Tierra a la Luna* (*De la Terre à la Lune. Trajet direct en 97 heures 20 minutes*) se publicó en 1865. En la edición de 1882 que hemos consultado, las ilustraciones son de Henri de Montaut (ca. 1830-ca. 1895) y los grabados de François Pannemaker (1822-1900).

De la Tierra a la Luna, cap. XXIII. Pannemaker - Montaut.

A grandes rasgos, el argumento de la obra, desarrollado en veintiocho capítulos, es el siguiente:

Durante la guerra de Secesión de los Estados Unidos, se crea en Baltimore el Gun Club dedicado principalmente a la investigación relacionada con la artillería. Para ingresar en el club hace falta haber inventado, o perfeccionado, un cañón o un arma de fuego. Además, la importancia de cada socio «guarda proporción con las dimensiones de su cañón, y está en razón directa al cuadrado de las distancias que alcanzan sus proyectiles».

Acabada la guerra, las actividades del Gun Club decaen notablemente y parece que su disolución es inevitable. En esta situación, el presidente de la asociación, Impey Barbicane, comunica a sus miembros un importante proyecto: enviar una bala de cañón a la Luna.

Impey Barbicane, presidente del Gun Club.

Dicha proposición es acogida con gran entusiasmo por todos los miembros del club. Además, la prensa norteamericana y los boletines científicos de los Estados Unidos ofrecen apoyo y financiación a la idea del presidente.

Después de esta aceptación, y antes de acometer el proyecto, es necesario detectar y resolver los problemas de distinto tipo que se pueden presentar a la hora de mandar un objeto al satélite de la Tierra.

En primera instancia, el Gun Club remite al observatorio de Cambridge (Massachusetts) una nota con varios puntos concernientes a problemas astronómicos de carácter teórico (posibilidad del experimento, distancia de la Tierra a la Luna, velocidad inicial del proyectil, duración del viaje, etc.).

Una vez aclarados dichos asuntos, se plantean los problemas de carácter mecánico relativos al proyectil y al cañón. En cuanto a lo primero, se opta por una bala esférica, de 108 pulgadas de diámetro, hueca, de 12 pulgadas de espesor, de aluminio, y con un peso aproximado de 19.250 libras. Teniendo en cuenta que la libra de aluminio cuesta 9 dólares, el importe del proyectil asciende a 173.250 dólares.

Por otro lado, el cañón debe construirse de hierro fundido y debe tener 900 pies de longitud, 6 pies de grueso, un peso de 68.040 toneladas, y un valor de 2.510.701 dólares. Se elige la ciudad de Tampa (Florida) como el lugar donde se forjará el cañón y se efectuará el lanzamiento del proyectil.

En cuanto al explosivo necesario para producir la impulsión, se opta por el nitrato de celulosa (fulmicotón).

Llegados a este punto, el capitán Nicholl, forjador de planchas para acorazar barcos de guerra, se opone al plan del Gun Club y apuesta 15.000 dólares en su contra. El presidente Barbicane acepta el envite.

El capitán Nicholl.

Para acometer el proyecto se pide la colaboración, en forma de donativo, de todas las naciones del mundo. Se consiguen 5.446.675 dólares, con los que hay suficiente dinero para financiar el lanzamiento.

En primera instancia se procede a la fundición y el enfriamiento del cañón, tarea en la que se invierte un tiempo aproximado de un año.

Concluida con éxito la primera fase de la idea de Barbicane, el presidente recibe un telegrama de París que hace tambalear el proyecto entero. Su texto es el siguiente:

«Reemplacen la granada esférica por un proyectil cilindro-cónico. Viajaré en su interior. Llegaré en el vapor Atlanta.

MICHEL ARDAN»

Ante esta propuesta, se decide suspender la fundición del proyectil de aluminio hasta nueva orden.

Días más tarde, después de su llegada a Tampa, Ardan convoca un mitin al que acuden 300.000 personas. En él expone sus «fantasías» y se somete a las preguntas de los asistentes. Todo transcurre plácidamente hasta que una persona del público, el capitán Nicholl, le plantea algunos problemas relativos a la habitabilidad de la Luna y al regreso del proyectil a la Tierra. A esta última cuestión, Ardan responde: «No volveré». Llegados a este punto, la discusión aumenta de tono, se responsabiliza al presidente Barbicane de un proyecto tan descabellado y, a la postre, Nicholl y Barbicane conciertan un duelo.

Así las cosas, Michel Ardan con la colaboración J. T. Maston (secretario del Gun Club), propone a Barbicane y Nicholl que viajen con él en el proyectil. Los que hasta ahora habían sido enemigos aceptan la invitación y se embarcan en una empresa común: la conquista de la Luna.

Después de este acuerdo se funde el proyectil y se decide que Ardan sea el encargado de amueblarlo a su gusto y con el lujo adecuado a los embajadores de la Tierra. Los aspectos técnicos (amortiguación del proyectil, víveres, alumbrado interior, renovación del aire…) se dejan en manos del Impey Barbicane. En cuanto a la renovación del aire se refiere, el sistema utilizado es puesto a prueba, durante ocho días, por Maston.

Entre tanto, en el observatorio de Cambridge se construye un telescopio que se instala en un pico de las Montañas Rocosas. Con este instru-

Michel Ardan.

mento astronómico se observarán las evoluciones del proyectil hasta su llegada a la Luna.

Después de esto, se procede a la carga del detonante, a la carga del proyectil con el material necesario para el viaje (termómetros, barómetros, anteojos, mapas, rifles, picos, sierras, vestidos adecuados a todas las temperaturas, víveres...), y a la introducción del proyectil en el cañón.

En el día preciso, a la hora exacta y ante cinco millones de espectadores, tiene lugar el lanzamiento de la nave. Doce días después, desde el observatorio de las Montañas Rocosas, se establece contacto visual con el proyectil. Sin embargo, este no ha llegado a su destino y se ha convertido en un satélite de la Luna.

A lo largo de la novela, Julio Verne introduce numerosos datos concernientes a la geografía, astronomía, física, etc.

En los parágrafos siguientes prestaremos atención a los que conciernen a las matemáticas.

1. EL *PONS ASINORUM*, PITÁGORAS Y EUCLIDES

En el capítulo II (*Comunicado del presidente Barbicane*), el presidente Barbicane, refiriéndose a hipotéticas relaciones entre terrestres y selenitas, comenta:

> «(...) hace algunos años, un geómetra alemán propuso enviar una comisión de sabios a las estepas de Siberia. Allí, en aquellas vastas llanuras, debían trazarse inmensas figuras geométricas, dibujadas mediante reflectores luminosos, entre otras el cuadrado de la hipotenusa, vulgarmente

llamada el 'puente de los asnos'[12] por los franceses. 'Todo ser inteligente —decía el geómetra— debe comprender el destino científico de esa figura. Los selenitas, si existen, responderán con una figura semejante, y una vez establecida la comunicación, será fácil crear un alfabeto que permita conversar con los habitantes de la Luna'. Así hablaba el geómetra alemán, pero su proyecto no fue llevado a la práctica, y hasta ahora no ha existido ningún lazo directo entre la Tierra y su satélite».

Comentarios

[1] En el párrafo precedente, cuando se habla de la figura del cuadrado de la hipotenusa, se alude al popular teorema de Pitágoras (teorema de la mujer casada, la silla de la novia, *pons asinorum*).

En la proposición 47 del primer libro de los *Elementos* del geómetra griego Euclides de Alejandría (fl. 300 a. C.), el teorema de Pitágoras se enuncia en los siguientes términos:

«En los triángulos rectángulos, el cuadrado sobre el lado opuesto al ángulo recto [= hipotenusa] es equi-

---

12   Según el diccionario de la RAE, «puente de los asnos» (*pons asinorum*) es la dificultad que se encuentra en una ciencia u otra cosa, y quita el ánimo para pasar adelante. Esta denominación medieval, referida al teorema de Pitágoras, significaba que el conocimiento de esta proposición separaba a las personas cultas de las que no lo eran. En otras palabras: el teorema de Pitágoras era el puente que se debía cruzar para ser considerado una persona culta.

valente[13] a los cuadrados sobre los lados que forman el ángulo recto [= catetos]».

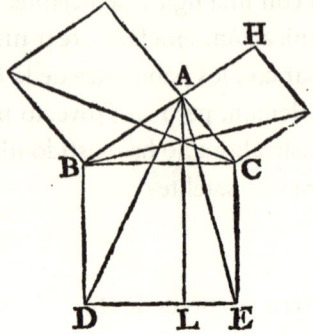

Figura asociada a una demostración del teorema de Pitágoras.

Se atribuyen a Pitágoras dos demostraciones del teorema que lleva su nombre.

PRIMERA DEMOSTRACIÓN

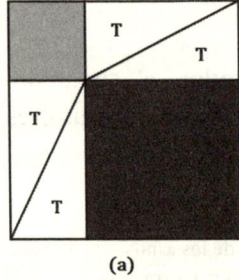

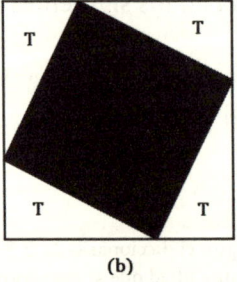

(a)   (b)

---

13   Se dice que dos figuras geométricas son equivalentes cuando tienen la misma área.

Los cuadrados (a) y (b) de la figura precedente tienen la misma área dado que sus lados tienen la misma longitud.

El cuadrado (a) se compone de cuatro triángulos rectángulos iguales (T) y dos cuadrados grises. La longitud del lado del cuadrado menor coincide con la del cateto menor de cualquiera de los triángulos T. La longitud del lado del cuadrado mayor coincide con la del cateto mayor de cualquiera de los triángulos T.

El cuadrado (b) está compuesto por cuatro triángulos rectángulos iguales (T) y un cuadrado negro cuyo lado tiene la misma longitud que la hipotenusa de cualquiera de los triángulos T.

Con esto, si del cuadrado (a) suprimimos los cuatro triángulos T y del cuadrado (b) eliminamos los cuatro triángulos T, entonces el área del cuadrado negro es igual a la suma de las áreas de los cuadrados grises. En otras palabras:

El cuadrado sobre la hipotenusa del triángulo rectángulo T es equivalente a los cuadrados construidos sobre sus catetos.

SEGUNDA DEMOSTRACIÓN

Thomas L. Heath[14] sostiene que Pitágoras estuvo en condiciones de demostrar el teorema del cuadrado sobre la hipotenusa haciendo uso de la teoría de la proporción.

Dicha demostración se pudo desarrollar de forma similar a la que exponemos en las líneas que siguen y se basa en la división del cuadrado construido sobre la hipotenusa en

---

14   *The thirteen books of Euclid's Elements*, vol. 1, p. 354.

dos rectángulos equivalentes a los cuadrados construidos sobre los catetos.

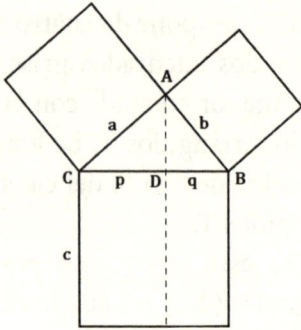

Los triángulos rectángulos ACD y ACB son semejantes. Entonces:

$$\frac{AC}{CD} = \frac{BC}{AC} \Rightarrow \frac{a}{p} = \frac{c}{a} \Rightarrow a^2 = pc$$

Los triángulos rectángulos ABD y ABC son semejantes. Entonces:

$$\frac{AB}{BD} = \frac{BC}{AB} \Rightarrow \frac{b}{q} = \frac{c}{b} \Rightarrow b^2 = qc$$

Por tanto:

$$a^2 + b^2 = pc + qc = (p + q)\, c = c^2$$

[2] En la quinta proposición del libro I de sus *Elementos*, Euclides afirma que:

«En los triángulos isósceles, los ángulos en la base son iguales entre sí, y si se prologan los dos lados iguales, los ángulos situados debajo de la base son iguales entre sí[15]».

---

15   Siguiendo el testimonio de Proclo (s. V), parece ser que este teorema se debe a Tales de Mileto (s. VII a. C.).

Algunos historiadores sostienen que en las universidades medievales esta proposición era conocida como el «puente de los asnos» (*pons asinorum*) dado que a los malos estudiantes les resultaba tan difícil pasar de esta proposición como a los asnos les cuesta cruzar un puente.

También se admite que la figura utilizada por Euclides en su demostración tiene un cierto parecido con un puente.

Para mostrar la «dificultad» de la proposición y la forma del diagrama de Euclides, presentamos una versión actualizada de su prueba.

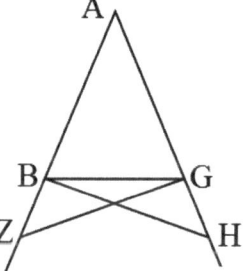

Sea ABG un triángulo isósceles (AB = AG). Sobre las prolongaciones de AB y AG se toman BZ = GH. Acto seguido, se trazan los segmentos rectilíneos ZG y HB.

En esta situación, se tiene que:

$$AZ=AB+BZ=AG+GH=AH$$

Los triángulos ⊲ABH y ⊲AGZ son iguales dado que:

$$\left\{ \begin{array}{l} AB = AG \\ AH = AZ \\ \angle BAH = \angle GAZ \end{array} \right.$$

Por tanto: $BH = GZ$, $\angle ABH = \angle AGZ$, $\angle AHB = \angle AZG$.

A partir de estos resultados, es claro que los triángulos BGZ y GBH son iguales. En consecuencia, $\angle BGZ = \angle GBH$ y $\angle \textbf{GBZ} = \angle \textbf{BGH}$[16].

Además:

$$\left\{ \begin{array}{l} \angle ABH = \angle AGZ \\ \qquad \rightarrow \angle ABH - \angle GBH = \angle AGZ - BGZ \rightarrow \angle \textbf{ABG} = \angle \textbf{AGB} \\ \angle GBH = \angle BGZ \end{array} \right.$$

([17])

2. CIENTÍFICOS «LUNÁTICOS»

En el capítulo V (*La novela de la Luna*), Julio Verne aporta algunos datos concernientes a matemáticos y astrónomos que contribuyeron al conocimiento del astro de la noche.

«Así, Tales de Mileto, 460 años antes de Jesucristo, emitió la opinión de que la Luna estaba iluminada por el Sol. Aristarco de Samos dio la verdadera explicación de sus fases. Cleómedes enseñó que brillaba con una luz

---

16 Con esto se demuestra que los ángulos situados debajo de la base son iguales entre sí.

17 Con esto se demuestra que los ángulos en la base son iguales entre sí.

reflejada. El caldeo Beroso descubrió que la duración de su movimiento de rotación era igual a la de su movimiento de traslación, y así explicó cómo la Luna presenta siempre la misma cara. Por último, Hiparco, dos siglos antes de la era cristiana, reconoció algunas desigualdades en los movimientos aparentes del satélite de la Tierra.

Estas distintas observaciones se confirmaron después, y de ellas sacaron partido nuevos astrónomos. Ptolomeo, en el siglo II, y el árabe Abul Wefa, en el siglo X, completaron las observaciones de Hiparco sobre las desigualdades que sufre la Luna siguiendo su órbita bajo la acción del Sol. Después, Copérnico, en el siglo XV, y Tycho Brahe, en el siglo XVI, expusieron completamente el sistema solar, y el papel que desempeña la Luna entre los cuerpos celestes».

Comentarios
[3] TALES DE MILETO

Nació alrededor del año 624 a. C. y murió sobre el año 545 a. C. En consecuencia, el dato cronológico aportado por Verne es erróneo.

Se le conoce como el padre de las matemáticas, astronomía y filosofía griegas.

Debido a la predicción de un eclipse solar (probablemente el del 585 a. C.) fue considerado como uno de los siete sabios de Grecia.

Para Tales la Tierra era un disco que flotaba en el agua. El Sol, la Luna y las estrellas eran vapor de agua en estado de incandescencia. Es célebre su frase: «Todo es agua».

Se atribuyen a Tales los descubrimientos matemáticos siguientes:

— El ángulo inscrito en una semicircunferencia es recto.
— Los ángulos en la base de un triángulo isósceles son iguales.
— Si dos rectas se cortan, los ángulos opuestos por el vértice son iguales.
— Todo diámetro divide al círculo en dos partes iguales.
— Toda recta paralela a uno de los lados de un triángulo divide a los otros dos en partes proporcionales.

Parece ser que Tales descubrió un método para calcular la distancia de un barco a la costa, utilizando la teoría de la proporcionalidad de los lados de dos triángulos rectángulos semejantes.

Además, siguiendo a Plutarco (s. I), Tales calculó la altura de una pirámide sirviéndose de la sombra del monumento, de la sombra de un bastón, y de la semejanza de triángulos.

[4] ARISTARCO DE SAMOS

Aristarco de Samos.

Nació hacia el 310 a. C. y murió alrededor del 230 a. C. Fue uno de los astrónomos griegos más notables del periodo alejandrino.

Atendiendo al testimonio de Arquímedes (287 a. C.-212 a. C.) resulta que Aristarco fue uno de los primeros científicos, sino el primero, que admitió que la Tierra gira alrededor del Sol.

«Aristarco de Samos publicó ciertas hipótesis de cuyos fundamentos resulta que el universo sería mucho mayor porque supone que las estrellas fijas y el Sol están inmóviles, que la Tierra gira alrededor de este (…)».

En su obra *Sobre los tamaños y distancias del Sol y la Luna*, el geómetra y astrónomo de Samos establece la relación entre la distancia de la Tierra a la Luna y la distancia de la Tierra al Sol.

Para ello se apoya en la hipótesis siguiente:

«Cuando la Luna se nos muestra cortada en dos [cuarto menguante o cuarto creciente], su distancia al Sol es menor que un cuadrante por un treintavo de cuadrante».

Si en la figura adjunta S, T y L representan los centros del Sol, la Tierra y la Luna, respectivamente, entonces:

$$\angle SLT = 90°$$
$$\angle STL = 90° - \frac{90°}{30} = 90° - 3° = 87°$$
$$\angle TSL = 180° - (90° + 87°) = 180° - 177° = 3°$$

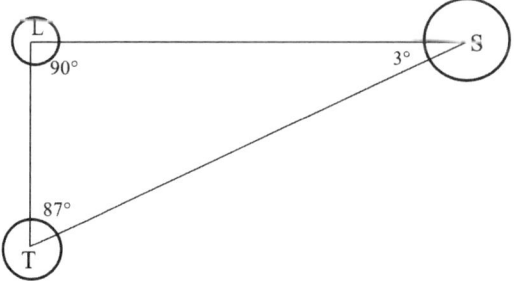

En esta situación, con un poco de trigonometría y una calculadora científica[18], se tiene que:

$$sen\ 3° = \frac{TL}{TS} \Rightarrow \frac{TL}{TS} \cong 0,052336 \Rightarrow TS \cong \frac{TL}{0,052336} \cong 19 \cdot TL$$

Aunque el procedimiento utilizado es geométricamente impecable, el resultado que se obtiene es erróneo dado que la verdadera amplitud del ángulo $\angle STL$ es aproximadamente igual a 89° 50′. Con este valor, la distancia de la Tierra al Sol es cuatrocientas veces mayor que la de la Tierra a la Luna.

[5] CLEÓMEDES

Astrónomo griego (¿s. I?), autor de un libro titulado *El movimiento circular de los cuerpos celestes* (*Motu circulari corporum caelestium libri duo*), escrito en dos volúmenes. Al final del segundo leemos:

> «Las enseñanzas precedentes no son originales del autor, sino que están recogidas de obras antiguas y más recientes; la mayoría de ellas están tomadas de Posidonio[19]».

En el capítulo X (*De magnitudine terrae*)[20] del libro I se describen los procedimientos de Eratóstenes de Cirene (ca. 280 a. C.-ca. 192 a. C.) (imagen de la izquierda) y

---

18   Herramientas de las que no disponía Aristarco.
19   *Continent autem hae disputationes non ipsius scriptoris opiniones, sed ex commentariis quorundam et veterum et recentiorum collectae sunt. Plurima autem eorum, quae dicta sunt, e Posidonii scriptis sumpta sunt.*
20   Edición bilingüe (griego-latín) de Hermann Ziegler (1891).

Posidonio de Apamea (ca. 135 a. C.-51 a. C.) (imagen de la derecha)para determinar la longitud de un meridiano terrestre.

Dado su interés histórico presentamos en un lenguaje inteligible las versiones de dichos procedimientos.

EL MÉTODO DE ERATÓSTENES

Para determinar la longitud de la circunferencia de la Tierra, Eratóstenes ideó un sencillo método geométrico que se apoyaba en las cuatro hipótesis siguientes:

1. Las ciudades de Siena y Alejandría están situadas sobre el mismo meridiano.
2. El día 21 de junio (solsticio de verano), al mediodía, los rayos del Sol se reflejan en el fondo de un profundo pozo de Siena. Es decir: en Siena, ese día y a esa hora, los objetos no dan sombra.
3. La distancia entre Siena y Alejandría es de 5000 estadios.
4. Los rayos solares son paralelos.

Con estos supuestos (no todos ciertos) Eratóstenes pudo deducir que la amplitud del ángulo [= ángulo que forman los rayos solares con la vertical de Alejandría] era de

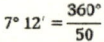

$$7° 12' = \frac{360°}{50}$$

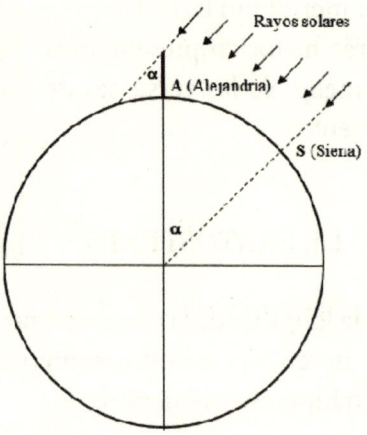

A partir de aquí (véase la figura anterior) resulta claro que:

$$\frac{AS}{\text{circunferencia de la Tierra}} = \frac{\alpha}{360°} = \frac{360°/50}{360°} = \frac{1}{50} \Rightarrow$$

$$\Rightarrow \frac{5.000}{\text{circunferencia de la Tierra}} = \frac{1}{50} \Rightarrow$$

$\Rightarrow$ Circunferencia de la Tierra = 50 × 5.000 = 250.000 estadios

Teniendo en cuenta que 1 estadio $\cong$ 185 m, se tiene que:
Circunferencia de la Tierra $\cong$ 250.000×185=46.250 Km

EL PROCEDIMIENTO DE POSIDONIO

El procedimiento de Posidonio se sustentaba en las suposiciones siguientes:

1. Las ciudades de Rodas y Alejandría están situadas sobre el mismo meridiano.

2. La distancia entre Rodas y Alejandría es de 5000 estadios.

3. Cuando la estrella Canopus se ve en el horizonte de Rodas, en Alejandría se eleva un ángulo de 7° 30′ sobre el horizonte.

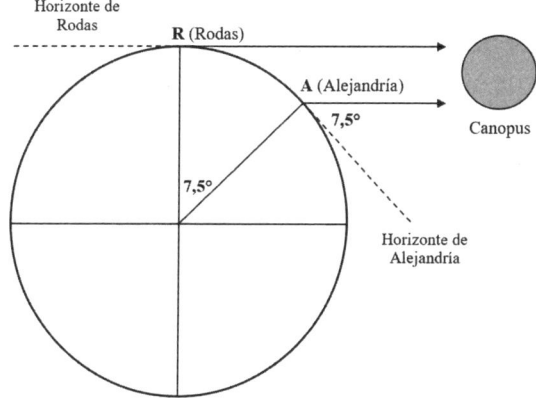

Con estas hipótesis (no todas ciertas), la longitud de un meridiano terrestre se puede determinar así:

$$\frac{RA}{\text{circunferencia de la Tierra}} = \frac{7,5°}{360°} = \frac{1}{48} \Rightarrow$$

$$\Rightarrow \frac{5.000}{\text{circunferencia de la Tierra}} = \frac{1}{48} \Rightarrow$$

⇒ Circunferencia de la Tierra = 48 × 5.000 = 240.000 estadios ⇒

$$\Rightarrow \textit{Circunferencia de la Tierra} \cong 240.000 \times 185 = 44.400 \text{ Km}$$

[6] BEROSO

Beroso el Caldeo (Berosus Caldeus) fue un sacerdote de Babilonia que vivió en el siglo III a. C. Escribió en griego una historia de Babilonia, la *Babiloniaka*, narrada en tres libros.

El año 270 a. C. se instaló en la isla griega de Cos. Se cree que pudo ser responsable de la transmisión a Grecia de gran parte de los conocimientos astronómicos de Mesopotamia. Sin embargo, los fragmentos que se conservan de sus escritos no contienen ninguna referencia específica a la astronomía matemática (Neugebauer, 1969).

[7] HIPARCO DE NICEA

Hiparco nació en Nicea el año 190 a. C. y murió probablemente en Rodas el año 120 a. C.

Se sabe poco de su vida y lo que se conoce de su obra está contenido en el *Almagesto* de Ptolomeo. Se le considera el padre de la trigonometría.

Elaboró un catálogo de estrellas, mejoró el cálculo de la duración del mes y el tamaño de la Luna, y descubrió el fenómeno de la precesión de los equinoccios[21].

Construyó una tabla de cuerdas e introdujo en Grecia la división de la circunferencia en 360°.

[8] PTOLOMEO

Ptolomeo de Alejandría nació probablemente a finales del siglo I y, según el testimonio de Suidas (s. X), aún vivía durante el reinado de Marco Aurelio (161-180).

Escribió *Sintaxis matemática* en trece libros, obra que se hizo famosa con el nombre de *Almagesto*.

El primer libro contiene el Sistema de Ptolomeo en el que la Tierra fija ocupa el centro del universo. Alrededor de ella, en esferas concéntricas y en este orden, se mueven la Luna, Mercurio, Venus, el Sol, Marte, Júpiter, Saturno, y las estrellas fijas. En dicho libro se encuentra el teorema de Ptolomeo que resulta de capital importancia para el cálculo de cuerdas.

TEOREMA DE PTOLOMEO

En cualquier cuadrilátero cíclico [= inscriptible en una circunferencia] y convexo, el producto de sus diagonales es igual a la suma de los productos de sus lados opuestos.

---

21   Cambio lento y gradual en la orientación del eje de rotación de la Tierra.

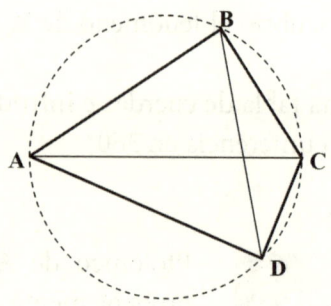

Es decir:

$$AC \cdot BD = AB \cdot CD + BC \cdot AD$$

El libro II se dedica a las explicaciones generales de los movimientos de los astros; el tercero trata del Sol y de la duración del año; el cuarto y el quinto se consagran a los movimientos de la Luna; el sexto se ocupa de los eclipses; los libros séptimo y octavo se dedican a las estrellas fijas e incluyen un catálogo estelar; los cinco libros restantes se ocupan de los planetas.

[9] ABUL WAFA
El matemático y astrónomo árabe Abu al-Wafa Buzjani nació en Buzjan el año 940 y murió en Bagdad el año 998.

Escribió una versión resumida del *Almagesto* de Ptolomeo, el *Kitab al-Kamil*, y formuló de forma precisa el teorema de los senos para los triángulos esféricos. También construyó tablas de senos y tangentes con ocho cifras decimales.

[10] COPÉRNICO
El astrónomo polaco Nicolás Copérnico (1473-1543), en su obra *Sobre las revoluciones de los orbes celestes*, propuso un

sistema cosmológico en el que el Sol es el centro de la esfera de las estrellas fijas. Además, los planetas se mueven en círculos concéntricos alrededor del Sol, en el orden siguiente: Mercurio, Venus, Tierra, Marte, Júpiter y Saturno.

De revolutionibus orbium coelestium se estructura en seis libros. En el cuarto se estudian los movimientos de la Luna. En su introducción leemos:

> «Después de exponer en el libro anterior los aspectos relativos al movimiento de la Tierra alrededor del Sol, (…) ahora nos apremia el curso de la Luna y ello de manera imprescindible, puesto que con respecto a ella, que participa del día y de la noche, se obtienen y examinan cualesquiera posiciones de las estrellas; además, porque entre todas [las estrellas errantes] es la única que refiere en su totalidad sus revoluciones, aun siendo variadas, al centro de la Tierra».

[11] TYCHO BRAHE

El astrónomo danés Tycho Brahe (1546-1601) diseñó un sistema cosmológico mixto en el que la Tierra permanece fija en el centro del universo, mientras que el Sol y la Luna giran en torno a ella. Sin embargo, las órbitas de los planetas (Mercurio, Venus, Marte, Júpiter y Saturno) tienen como centro el Sol móvil.

3. UN GRAN CILINDRO

En el capítulo XIV (*Pico y pala*) Barbicane reúne a los jefes de los talleres y les comunica la siguiente tarea:

> «Es preciso abrir un pozo de sesenta pies de diámetro y de novecientos pies de profundidad. Esta obra considerable debe concluirse en ocho meses, y, por tanto, tenéis que sacar 2.543.400 pies cúbicos de tierra en unos doscientos cincuenta y cinco días[22], es decir, aproximadamente diez mil pies cúbicos al día».

Comentario

Si r es el radio del pozo y h su altura, entonces los cálculos aritmético-geométricos involucrados en la construcción del pozo son los siguientes:

$\text{Volumen}_{pozo} = \pi r^2 \ h = 3{,}14 \times 30^2 \times 900 = 3{,}14 \times 900^2 = 2.543.400$ pies cúbicos

Si el pozo se debe acabar en 8 meses, entonces cada mes se deberán sacar:

$$\frac{2.543.400}{8} = 317.925 \text{ pies cúbicos}$$

---

22 Julio Verne supone que 8 meses $\cong$ 255 días. Por tanto, 1 mes $\cong$ 31,875 días.

Por consiguiente (tomando cada mes de 30 días) cada día se deberán sacar:

$$\frac{317.925}{30} = 10.597,5 \text{ pies cúbicos} \cong 10.000 \text{ pies cúbicos}$$

La construcción del pozo.

REFERENCIAS BIBLIOGRÁFICAS

- BOYER, C. B. (1986). *Historia de la matemática*. Madrid: Alianza Editorial, S. A.

- CLEOMEDES (1891). *Demotu circulari corporum caelestium* (Edición bilingüe de H. Ziegler). Leipzig: B. G. Teubneri.

- COPÉRNICO, N. (1982). *Sobre las revoluciones de los orbes celestes* (Edición de Carlos Minguez y Mercedes Testal). Madrid: Editora Nacional.

- FARRINGTON, B. (1979). *Ciencia Griega*. Barcelona: Icaria Editorial, S. A.

- HEATH, T, L. (1913). *Aristarchus of Samos*. Oxford: Clarendon Press.

- HEATH, T. L. (1956). *The thirteen books of Euclid's Elements* (tres volúmenes). New York: Dover.

- HULL, L.W. H. (1970). *Historia y filosofía de la ciencia* (2ª edición). Barcelona. Ediciones Ariel, S. A.

- MEAVILLA, V. y CANTERAS, J. A. (1984). *Viaje gráfico por el mundo de las Matemáticas I*. Zaragoza: Instituto de Ciencias de la Educación. Universidad de Zaragoza.

- MEAVILLA SEGUÍ, V. (2005). *La Historia de las matemáticas como recurso didáctico*. Badajoz: Federación Española de Sociedades de Profesores de Matemáticas.

- MEAVILLA SEGUÍ, V. (2008). *Aspectos históricos de las matemáticas elementales* (2ª edición). Zaragoza: Prensas Universitarias de Zaragoza.

- MEAVILLA SEGUÍ, V. (2012). *Eso no estaba en mi libro de matemáticas*. Córdoba: Editorial Almuzara, S. L.

- NEUGEBAUER, O. (1969). *The exact sciences in antiquity*. New York: Dover.

- VERA, F. (1970). *Científicos griegos* (dos volúmenes). Madrid: Aguilar, S. A. de Ediciones.

- VERNE, J. (1871). *De la Terre á la Lune. Trajet direct en 97 heures* (Dixième edition). Paris: J. Hetzel.
- VERNE, J. (1882). *De la Terre à la Lune. Trajet direct en 97 heures 20 minutes*. Paris: J. Hetzel.
- VERNE, J. (2011). *De la Tierra a la Luna*. Madrid: Alianza Editorial.
- YOUSCHKEVITCH, A. P. (1976). *Les mathématiques árabes (VIIIe-XVe siècles)*. Paris: Vrin.

REFERENCIAS ONLINE

MacTutor History of Mathematics archive
- http://www-history.mcs.st-and.ac.uk/

Capítulo 4.
Medición de un arco
de meridiano

Las *Aventuras de tres rusos y de tres ingleses en el África austral* se publicaron en 1872 con dibujos de J. Ferat y grabados de F. Pannemaker.

Aventures de trois russes et de trois anglais dans l'Afrique australe.

La novela se desarrolla en veintitrés capítulos y sus personajes principales son seis astrónomos, tres rusos y tres ingleses, que integran una comisión internacional cuyo objetivo es medir la longitud de un arco de meridiano en el África austral. Los científicos rusos son: Mateo Strux (observatorio de Pulkowa), Nicolás Palander (observatorio de Helsingfors) y Miguel Zorn (observatorio de Kiev). Los astrónomos ingleses son: el coronel Everest (observatorio de Cambridge), Juan Murray y Guillermo Emery (observatorio de El Cabo).

En la expedición científica, que transcurre por la zona del desierto de Kalahari, también participa como personaje secundario el guía Mokoum.

La comisión científica internacional.

A lo largo de la medición surgen numerosas discrepancias de carácter científico entre el coronel Everest y Mateo Strux, jefes de las delegaciones inglesa y rusa, respectivamente. Cuando las posiciones de los dirigentes son irreconciliables, Zorn y Emery, los miembros más jóvenes del grupo, hacen el papel de mediadores.

Juan Murray, gran aficionado a la caza, ocupa buena parte de su tiempo a la práctica de este *hobby* en compañía de Mokoum.

Por su parte, Palander se dedica exclusivamente a sus cálculos matemáticos.

Ataque indígena.

Las divergencias entre las dos delegaciones, junto con algunos acontecimientos de carácter político, desembocan en la separación de ingleses y rusos que prosiguen sus investigaciones independientemente.

Sin embargo, un ataque indígena al equipo ruso logra que los seis astrónomos vuelvan a trabajar juntos y lleven a buen puerto la medición de un arco del meridiano 24.

En el transcurso de la novela, Julio Verne introduce aspectos científicos relacionados con la astronomía, la geodesia y la trigonometría, y algún tópico relativo al desapego de los científicos del mundo real.

A estos asuntos dedicaremos los siguientes parágrafos.

1. MEDICIÓN DE UN ARCO DE MERIDIANO: ALGO DE HISTORIA

En el capítulo IV (*Algunas palabras acerca del metro*), Verne presenta un nutrido catálogo concerniente a las contribuciones más notables al problema de la medición de un arco de meridiano y a la definición de metro.

En primera instancia, hace mención de Eratóstenes y Posidonio (véase el apartado 2 del capítulo 3 de este libro). Acto seguido, pasa revista a aquellos científicos de los siglos XVII y XVIII que, con su perseverancia y dedicación, participaron activamente en la resolución de un problema geodésico de capital importancia (Jean-Felix Picard, Giovanni Domenico Cassini, Philippe de La Hire, Cesar-François Cassini (Cassini III), Nicolás-Louis de La Caille, Pierre Méchain, Jean-Baptiste Joseph Delambre, François Arago, Jean-Baptiste Biot, Jean-Charles de Borda, Joseph-Louis Lagrange, Pierre-Simon Laplace, Gaspard Monge, Marie

Jean Antoine Nicolas de Caritat (marqués de Condorcet), Pierre-Louis Maupertius, Alexis Claude Clairaut, Charles-Étienne-Louis Camus, Pierre-Charles Lemonnier, Réginald Outhier, Andreas Celsius, Charles-Marie de La Condamine, Pierre Bouguer, Louis Godin, Jorge Juan y Santacilia, Antonio de Ulloa, Christopher Maire, Roger Joseph Boscovich, Giovanni Battista Beccaria, Charles Mason y Jeremiah Dixon).

El cuarto de círculo de Picard.

Hemos seleccionado los fragmentos siguientes, acompañados de breves comentarios que incluyen apuntes biográficos de algunos de los personajes implicados.

TEXTO VERNIANO 1
«Fue Picard el que, por primera vez en Francia, empezó

a regularizar los métodos utilizados para la medición de un grado. En 1669 determinó la longitud del arco celeste y del arco terrestre entre París y Amiens, y dio como valor de un grado cincuenta y siete mil sesenta toesas[23]».

Comentario

El sacerdote francés Jean-Felix Picard, considerado como el fundador de la geodesia moderna, midió por triangulación un arco del meridiano que pasa por Amiens y París. En su libro *Mesure de la Terre* (1671, p. 23) dio como longitud de un grado terrestre 57.060 toesas. Con esto, la medida de la «circunferencia de la Tierra», es igual a:

$$57.060 \times 360 = 20.541.600 \text{ toesas} \cong 39.973.954 \text{ metros}$$
$$\cong 39.973 \text{ kilómetros}$$

TEXTO VERNIANO 2

«La medición de Picard se prolongó hasta Dunkerque y hasta Collioure por Dominique Cassini y La Hire, de 1683 a 1718. Fue verificada, en 1739, de Dunkerque a Perpiñán por François Cassini y Lacaille».

Comentario

La saga de los Cassini (formada por grandes astrónomos, geodestas y directores del Observatorio de París) se inició con el italiano Giovanni Domenico (1625-1712)[24], continuó con Jacques (1677-1756)[25], prosiguió con Cesar-

---

23   1 toesa = 1,946 metros ⇒ 57.060 toesas ≈ 111.038 metros ≈ 111 kilómetros.
24   Conocido también como Jean-Dominique.
25   Francés, hijo de Giovanni Domenico, y conocido como Cassani II.

François (1714-1784)[26] y acabó con Jacques-Dominique (1748-1845)[27].

Giovanni Domenico Cassini y Philippe de La Hire (1640-1718).

Para determinar la forma de la Tierra, Giovanni Domenico Cassini propuso medir un arco de meridiano desde el norte al sur de Francia. El proyecto empezó en 1683 con Cassini haciendo las mediciones desde París hacia el sur, mientras que Philippe de La Hire hacía mediciones al norte de París. El proyecto fue suspendido por razones financieras, cuando Cassini había llegado a Bourges, en el centro de Francia.

Cassini II acometió la medida del meridiano desde París a Dunkerque en 1718 y publicó los resultados de dicho tra-

---

26   Francés, hijo de Jacques, y conocido como Cassini III.
27   Francés, hijo de Cesar-François, y conocido como Cassini IV.

bajo en un volumen titulado *Traité de la grandeur et de la figura de la Terre* (1720).

En la página 290 de la edición de 1723 que hemos consultado se lee:

> «(…) se tendrá la distancia entre los paralelos de los lugares en donde hemos observado en París y en Dunkerque, de 125.454 toesas.
>
> Dividiendo estas 125.454 toesas por 2° 12′ 9″ 30‴, arco del meridiano interceptado entre los lugares de nuestras observaciones, tal como resulta de la observación de la estrella γ de la cabeza de Dragón, que es la más exacta, se tendrá la magnitud del grado de un meridiano, comprendido entre las paralelas de París y Dunkerque de 56.960 toesas».

Cesar-François Cassini (Cassini III) y Nicolas-Louis de La Caille.

Cassini III inició la medición del meridiano de París entre Dunkerque y Perpiñán el mes de mayo de 1739. Le acompañaba como ayudante Nicolás-Louis de La Caille (1713-1762). En la expedición también se encontraba el médico, botánico y micólogo Louis-Guillaume Le Monnier (1717-1799) encargado de investigar las plantas y curiosidades naturales que se pudieran encontrar en las distintas regiones que debían visitar. Las conclusiones geodésicas de la medición se publicaron en el libro *La meridienne de l'Observatoire Royal de Paris, vérifiée dans toute l'étendue du Royaume par de nouvelles observations* (1744)[28].

TEXTO VERNIANO 3

«En definitiva, la medida del arco de este meridiano se prolongó por Méchain hasta Barcelona, en España. Una vez muerto Méchain, debido a las fatigas provocadas por una operación de tal envergadura, la medida del meridiano de Francia no fue retomada hasta 1807 por Arago y Biot. Estos dos sabios la continuaron hasta las islas Baleares. Con esto, el arco se extendía desde Dunkerque hasta Formentera; su punto medio estaba cortado por el paralelo cuarenta y cinco norte, equidistante del polo y del ecuador, y, en estas condiciones, para calcular el valor del cuarto del meridiano no era necesario tener presente el achatamiento de la Tierra. Esta medida dio cincuenta y siete mil veinticinco toesas para el valor medio de un arco de un grado en Francia».

Comentario

El astrónomo y geógrafo francés Pierre Méchain nació en Laon (1744) y murió en Castellón de la Plana (1804).

Con Jean-Baptiste Joseph Delambre (1749-1822) (en la ilustración) midió el arco del meri-

---

28   El meridiano del Observatorio Real de París verificado en toda la extensión del Reino por nuevas observaciones.

diano comprendido entre los paralelos de Dunkerque y Barcelona. La medición se inició en 1792 y sus resultados se publicaron en los tres tomos del libro *Base du Système Mètrique Décimal, ou mesure de l'arc du Méridien compris entre les parallèles de Dunkerque et Barcelone* (1806-1810).

Dominique François Jean Arago (1786-1853) astrónomo, físico, matemático y político francés, nació en Estagel, cerca de Perpiñán, en el seno de una familia catalanoparlante.

En 1806, junto a su compatriota Jean-Baptiste Biot (1774-1862), viajó a España para medir la porción del meridiano de París comprendida entre Barcelona y Mallorca.

Biot regresó a Francia después de determinar la latitud de Formentera (Islas Baleares) y Arago siguió trabajando en Mallorca, desde su «observatorio» de Sa mola de s'Esclop, hasta el año 1808.

Dominique François Jean Arago y Jean-Baptiste Biot.

Ruinas de la caseta de F. Arago en Sa mola de s'Esclop (Andratx).

TEXTO VERNIANO 4

«En 1790 la Asamblea Constituyente, a propuesta de Talleyrand[29], promulgó un decreto según el cual se encargaba a la Academia de Ciencias el diseño de un modelo invariable para todas las pesas y medidas. El informe, firmado por nombres tan ilustres como Borda, Lagrange, Laplace, Monge, Condorcet, propuso la diez millonésima parte del cuadrante del meridiano para medir la longitud usual, y el agua destilada para evaluar el peso de todos los cuerpos. El sistema decimal se adoptó para relacionar todas las medidas».

Comentario

Jean-Charles de Borda (1733-1799) fue un matemático, físico, astrónomo y marino francés. Fue miembro del comité fundador del Bureau des Longitudes (1795), inventó el péndulo que lleva su nombre y perfeccionó el círculo de reflexión de Tobías Mayer (1723-1762).

---

29   Charles Maurice Tayllerand (1754-1838), político y sacerdote francés, secularizado en 1802. Fue presidente de la Asamblea Constituyente.

85

Joseph-Louis Lagrange

Joseph-Louis Lagrange (1736-1813), nació en Turín y murió en París.

Fue profesor de Matemáticas de la Escuela Real de Artillería de Turín antes de cumplir los veinte años.

Desde 1766 hasta 1787 fue académico de la Academia de Berlín, ocupando la silla que había dejado vacante Leonhard Euler (1707-1783). En esta época escribió una de sus obras algebraicas más importantes: *Réflexions sur la résolution algébrique des équations.*

En este trabajo, publicado en dos entregas (1772 y 1773) por la Academia Real de Ciencias y Bellas Letras de Berlín, Lagrange introdujo un nuevo punto de vista en la investigación sobre teoría de ecuaciones al relacionar la naturaleza general de las raíces de una ecuación con la teoría de permutaciones.

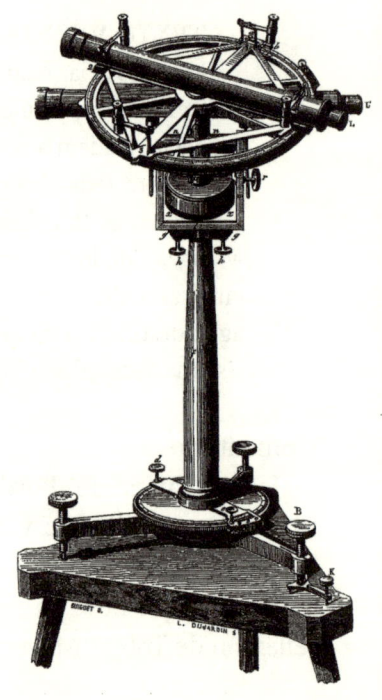

Círculo de reflexión de Borda. Ilustración del libro *Astronomie populaire Tomo 3 de François Arago.*

Pierre-Simon Laplace, matemático y astrónomo francés, nació el 23 de marzo de 1749 en Beaumont-en-Age (Normandía) y murió el 5 de marzo de 1827 en París.

Fue profesor de la Academia Militar de París, miembro de la Academia de París y ocupó la cátedra de Matemáticas del Nuevo Instituto de las Ciencias y las Artes.

En 1796 publicó los dos tomos de su *Exposition du Sistème du Monde,* entre 1799 y 1825 los cinco volúmenes de su *Traité de mécanique céleste*, y en 1812 los dos tomos de su *Théorie Analytique des Probabilités*, dedicada a Napoleón.

El matemático francés Gaspard Monge (1746-1818) (imagen de la derecha), padre de la geometría diferencial[30], fue un revolucionario perteneciente al Club Jacobino. Participó en la creación de la École Polytechnique (1794), de la que fue profesor, y también impartió docencia en la École Normale.

Entre sus obras de contenido matemático destacan sus *Feuilles d'Analyse appliquée à la Géométrie* (1795) y la *Géométrie Descriptive* (1799). En la primera, dedica especial atención a las curvas alabeadas[31] y a las superficies desa-

---

30   Parte de la geometría que se dedica al estudio de las curvas y superficies.
31   Curvas alabeadas son aquellas que no están contenidas en un plano.

rrollables[32]. En la segunda, Monge utiliza un método que, mediante dos proyecciones ortogonales sobre dos planos perpendiculares, permite representar las curvas y las superficies en un plano.

Al margen de sus investigaciones científicas en el campo de las matemáticas, hidrodinámica y estática, Gaspar estuvo a cargo del Ministerio de Marina, se dedicó a la docencia en la Escuela Militar de Mézières y escribió el tratado *Description de l'art de fabriquer les canons* (1794) relacionado con la artillería.

El científico, político y pedagogo francés Marie Jean Antoine Nicolas de Caritat, marqués de Condorcet (1743-1794) fue miembro de la Academia de Ciencias de París, y de las academias de Bolonia, San Petersburgo, Turín, Filadelfia y Padua.

En 1789 entró en la Asamblea Municipal de París. En marzo de 1791 fue nombrado comisario de la Tesorería y elegido para la Asamblea Legislativa (1791-1792). Un año más tarde formó parte de la Convención Nacional (1792-1795) por el departamento del Aisne. Perteneció al grupo de los girondinos, liderado por el abogado Jaques Pierre Brissot.

Sus publicaciones de carácter científico transitan por el mundo de la astronomía, las matemáticas, puras y aplica-

---

32   Superficies desarrollables son aquellas que se pueden extender sobre el plano.

das, y la física [*Du calcul intégral* (1765), *Du problème des trois corps* (1767), *Essais d'analyse* (1768), *Sur quelques séries infinies dont la somme put etre exprimeé par des fonctions analytiques d'une forme particulaire* (1777), *Nouvelles expériences sur la résistance des fluides* (1777), *Essai sur la théorie des cometes* (1780), *Essai sur l'application de l'analyse a la probabilité des décisions rendues á la pluralité des voix* (1785)].

En política educativa defendió la enseñanza pública, libre y laica. En 1799, cinco años después de su muerte, se publicaron en París sus *Moyens d'apprendre a compter surement et avec facilité* una de las primeras obras, sino la primera, consagrada a la didáctica de las matemáticas.

TEXTO VERNIANO 5

«Más adelante, las determinaciones del valor de un grado terrestre se hicieron en diversos   lugares de la Tierra, dado que, no siendo el globo terrestre una esfera sino un elipsoide, las operaciones múltiples debían dar la medida del achatamiento de los polos.

En 1736, Maupertuis, Clairaut, Camus, Lemonnier, Outhier y el sueco Celsius midieron un arco septentrional en Laponia y encontraron que la longitud de un grado era igual a cincuenta y siete mil cuatrocientas diecinueve toesas.

En 1745, en Perú, La Condamine, Bouguer y Godin, ayudados por los españoles (Jorge) Juan y Antonio Ulloa obtuvieron el valor de cincuenta y seis mil setecientas treinta y siete toesas para el arco del Perú».

Pierre-Louis Moreau de Maupertuis.

Comentario

El filósofo, matemático y astrónomo francés Pierre-Louis Moreau de Maupertuis (1698-1759) introdujo el newtonianismo en Francia. Dirigió la expedición francesa al círculo polar ártico (1736) para determinar la longitud de un arco de meridiano.

Acompañaron a Maupertuis en esta tarea los científicos: Alexis C. Clairaut, Charles-Étienne-Louis Camus, Pierre-Charles Lemonnier, de la Academia Real de Ciencias, Réginald Outhier, correspondiente de la misma academia, y Anders Celsius, profesor de Astronomía de la Universidad de Upsala.

Los resultados de esta investigación, que confirmaron el achatamiento de la Tierra en los polos, se publicaron en el libro *Sur la figure de la Terre* (1738).

El matemático francés Alexis Claude Clairaut (1713-1765) fue admitido en la Academia de Ciencias francesa, cuando aún no tenía dieciocho años de edad, por su trabajo *Recherches sur les courbes a double courbure* que fue publicado en 1731.

A lo largo de su corta vida perteneció a la Royal Society of London, a la Academia de Berlín, a la Academia de San Petersburgo, y a las academias de Bolonia y Upsala.

En 1743 publicó su famoso trabajo *Théorie de la figure de la terre*.

Clairaut también escribió dos textos elementales dedicados a la enseñanza que alcanzaron varias ediciones: uno de álgebra y otro de geometría.

Pierre-Charles Lemonnier (1715-1799), astrónomo y geodesta francés, fue nombrado miembro de la Academia Real de Ciencias cuando solo tenía veinte años. También fue miembro de la Royal Society (1739).

Fue profesor del Collège de France y maestro de Joseph Lalande (1732-1807).

Escribió, entre otras, las obras siguientes: *Histoire celeste, où recueil de toutes les observations astronomiques faites par ordre du Roy* (1741), *La théorie des comètes où l'on traite du progres de cette partie de l'Astronomie* (1743), y *Astronomie nautique lunaire* (1771).

El físico y astrónomo sueco Andreas Celsius (1701-1744) fue profesor de la Universidad de Upsala y director de su observatorio.

En 1733 publicó un catálogo de trescientas dieciséis observaciones de auroras boreales, realizadas en Suecia entre los años 1716 y 1732.

En 1742 ideó una escala centígrada de temperatura que, en su honor, lleva el nombre de escala Celsius.

En ella, las temperaturas de 100° y 0° correspondían a las de congelación y ebullición del agua, respectivamente.

Jorge Juan y Santacilia nació en Novelda (Alicante) en 1713 y murió en Madrid en 1795. Fue marino, astrónomo, geodesta, físico, geógrafo y cartógrafo.

Con Antonio de Ulloa, participó en la medición del arco terrestre debajo del ecuador. El viaje de los dos españoles hacia «los Reynos de la America Meridionàl» se inició en mayo de 1735, y el regreso a España tuvo lugar en 1746.

Dicha expedición científica estaba dirigida por el naturalista, matemático y geógrafo francés Charles-Marie de La Condamine (1701-1774).

Juan y Ulloa publicaron las observaciones y resultados de sus mediciones en el libro *Observaciones astronomicas, y phisicas hechas de orden de S. Mag. en los reynos del Perú* (1748).

Antonio de Ulloa y Torre-Guiral nació en Sevilla en 1716 y murió en Cádiz en 1795. Fue marino, astrónomo, geodesta, químico, físico, naturalista, y miembro de la Royal Society.

Escribió, entre otras, las obras siguientes: *Noticias americanas: entretenimientos físico-históricos sobre la América meridional, y la septentrional oriental : comparación general de los territorios, climas y producciones en las tres especies vegetal, animal y mineral* (1772), *El Eclipse de Sol con el anillo refractorio de sus rayos, la luz de este astro, vista del través del cuerpo de la Luna, o antorcha de su disco... el veinte y quatro de Junio de mil setecientos setenta y ocho* (1779), y *Conversaciones de Ulloa con sus tres hijos en servicio de la Marina* (1795).

2. CÁLCULO MENTAL Y CALCULADORES PRODIGIO

En el capítulo V (*Una aldea hotentote*) se describe la habilidad de Nicolás Palander para el cálculo mental.

«Nicolás Palander, de unos cincuenta y cinco años, era uno de estos hombres que nunca han sido jóvenes, y que nunca serán viejos. El astrónomo de Helsingfors, absorto constantemente en sus cálculos, podía ser una máquina admirablemente organizada, una especie de ábaco o de contador universal. Calculador de la comisión anglo-rusa, este sabio era uno de estos 'prodigios' que pueden hacer de memoria multiplicaciones con factores de cinco cifras, como un Mondeux quincuagenario.

(…) Palander extraía mentalmente raíces cúbicas sin prestar atención al paisaje que le rodeaba».

Comentario

En su libro *Al margen de la clase* (1959), Rafael Rodríguez Annoni comenta:

> «La rapidez para el cálculo, tiene en ciertos hombres caracteres extraordinarios, casi de prodigio. En estos casos excepcionales, no es raro que las restantes cualidades intelectuales estén poco desarrolladas.
>
> Desde luego no tiene ninguna relación, ser o no ser un buen calculador, con ser o no ser un buen matemático».

En las líneas que siguen ofrecemos algunos ejemplos de calculadores prodigio.

Leonhard Euler (1707-1783), uno de los matemáticos más notables de toda la historia gozó de una memoria prodigiosa. Podía recitar de memoria la *Eneida* de Virgilio y decir cuál era la primera y última línea de cada página de su ejemplar. Para ejercitar a uno de sus nietos en la extracción de raíces, elaboró una tabla con las seis primeras potencias de los cien primeros números naturales y se la aprendió de memoria. En una ocasión, dos de sus discípulos habían calculado la suma de una complicada serie convergente

para un valor particular de la variable. Sus resultados solo diferían en la decimoquinta cifra y recurrieron al maestro para decidir cuál de ellos tenía razón. Euler realizó el cálculo de memoria obteniendo el resultado correcto.

Henri Mondeux (1826-1862), citado por Julio Verne, fue un calculador prodigio francés escasamente dotado para los estudios, incluso de matemáticas. Era capaz de realizar mentalmente complicadas operaciones aritméticas cuando no sabía leer ni escribir.

En 1840, a los catorce años de edad, fue presentado a la Academia de Ciencias de París donde resolvió de forma instantánea, haciendo uso del cálculo mental, los problemas siguientes:

— Encontrar un número tal que su cubo aumentado en 84, dé una suma igual al producto de este número por 37 (Solución: 3).
— Encontrar dos cuadrados cuya diferencia sea 133 (Solución: $13^2-6^2 = 169 - 36 = 133$).

Giacomo Inaudi (1867-1950) fue un calculador prodigio italiano que desarrolló su actividad profesional en Francia con el nombre de Jacques Inaudi.

En 1892, el matemático Darboux[33] le propuso las siguientes cuestiones:

— *Restar 1.248.126.138.234.128.910 de 4.123.547.238.445.523.831.*

---

33   Jean Gaston Darboux (1842-1917), matemático francés que hizo aportaciones notables a la geometría diferencial y el análisis matemático.

— ¿Cuál es el número cuyo cubo más el cuadrado suman 3.600? (Sol. 15).

Por otro lado, los matemáticos Poincaré[34] y Bertrand[35] le propusieron las cuestiones.

— ¿Qué día de la semana fue el 4 de marzo de 1822? (Sol. Lunes).
— ¿A qué es igual? $\sqrt{(4801^2-1)/6}$? (Sol. 1960)

Entre cada pregunta y su respuesta nunca transcurrieron más de 40 segundos.

Giacomo Inaudi en *L'illustrazione popolare*.

---

34   Jules Henri Poincaré (1854 -1912), matemático francés que hizo importantes contribuciones a la geometría diferencial, teoría de números, probabilidad y topología.
35   Joseph Louis François Bertrand (1822-1900), matemático francés que trabajó en teoría de Números, cálculo de probabilidades y geometría diferencial.

3. EL TEOREMA DE LOS SENOS

En el capítulo VII (*Una base del triángulo*), Julio Verne alude de forma implícita a un teorema de la trigonometría plana elemental, el teorema de los senos, en los siguientes términos:

> «En virtud de un principio geométrico, cualquier triángulo está completamente determinado cuando se conoce uno de sus lados y dos de sus ángulos, dado que se puede calcular inmediatamente el valor del tercer ángulo y las longitudes de los otros dos lados».

Comentario

El teorema de los senos establece que en cualquier triángulo los lados son proporcionales a los senos de los ángulos opuestos.

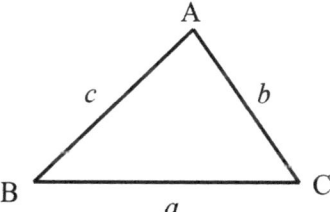

Así, en la figura anterior, se verifica que:

$$\frac{a}{\operatorname{sen} A} = \frac{b}{\operatorname{sen} B} = \frac{c}{\operatorname{sen} C} \quad [1]$$

RESOLUCIÓN DE UN TRIÁNGULO DADOS UN LADO Y DOS ÁNGULOS

Supongamos que del triángulo ABC se conocen, por ejemplo, la longitud del lado *a* y las amplitudes de los ángulos B y C. Entonces:

$$A = 180° - (B + C)$$

Además, teniendo en cuenta [1], resulta que:

$$b = \frac{a \cdot \text{sen } B}{\text{sen } A}$$

$$c = \frac{a \cdot \text{sen } C}{\text{sen } A}$$

En consecuencia, si de un triángulo cualquiera se conoce un lado y dos ángulos, entonces se pueden determinar los restantes elementos de dicho triángulo. Dos de ellos (los lados) en virtud del teorema de los senos, y el otro (amplitud de un ángulo) a partir de una conocida proposición geométrica (la suma de las amplitudes de los ángulos interiores de cualquier triángulo es igual a 180°).

4. TRIANGULACIÓN

En el capítulo VIII (*El meridiano 24*), Julio Verne describe el procedimiento de triangulación utilizado para la medición de un arco del meridiano 24. Para ello, sigue casi al pie de la letra el texto de las *Leçons nouvelles de Cosmographie* (1853), escritas por su primo Henri Garcet[36].

«Sea AB el arco de meridiano del que se quiere determinar la longitud. Con el mayor cuidado se mide una base AC, con el extremo A en el meridiano y una primera estación C. Después se eligen, a una y otra parte del meridiano, otras estaciones D, E, F, G, H, I, etc., desde cada una de las cuales se pueden ver las estaciones vecinas, y con un teodolito se miden los ángulos de cada uno de los triángulos ACD, CDE, EDF, etc. que forman entre sí. Esta primera operación permite resolver dichos triángulos, dado que, en el primero se conoce AC y los ángulos, y se puede calcular el lado CD; en el segundo, se conoce CD y los ángulos, y se puede calcular el lado DE; en el tercero, se conoce DE y los ángulos, y se puede calcular el lado EF, y así sucesivamente. Después se determina desde A la dirección de la meridiana por el procedimiento ordinario y se mide el ángulo MAC que forma esta dirección con la base AC. Con esto, en el triángulo ACM se conoce el lado AC y los ángulos adyacentes y se puede calcular el primer trozo AM de la meridiana. Al mismo tiempo se calcula el ángulo M y el lado CM; entonces en el triángulo MDN se conoce el lado DM = CD – CM y los ángulos adyacentes, y se puede calcular el segundo trozo MN de la meridiana, el ángulo N y el lado DN. Entonces, en el triángulo NEP, se conoce el lado EN = DE – DN y los ángulos adyacentes, y se puede calcular el tercer trozo NP de la meridiana y así sucesiva-

---

36   Henri Garcet (1815-1871) fue antiguo alumno de la Escuela Normal Superior y profesor de Matemáticas en el liceo Napoleón. Escribió algunos manuales dedicados a la enseñanza.

mente. Se comprende que así también se podrá determinar la longitud del arco total AB».

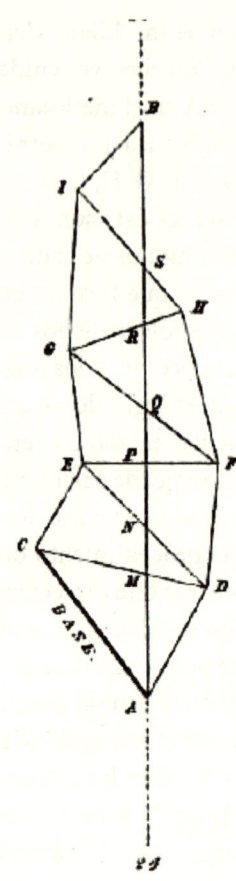

Triangulación del meridiano 24.

5. UN CIENTÍFICO DESPISTADO

En el capítulo XI (*Donde se encuentra a Nicolás Palander*) se narra la desaparición durante cuatro días del ruso Nicolás Palander.

Nicolás Palander y los cocodrilos.

Juan Murray, Mokoum y su perro Top, localizan al científico que, rodeado de cocodrilos, está absorto en sus cálculos matemáticos. Los disparos del inglés y el guía ahuyentan a los saurios y liberan al astrónomo de su ensimismamiento.

«Al oír el ruido de las armas de fuego, Nicolás Palander levantó por fin la cabeza, reconoció a sus compañeros, y corriendo hacia ellos agitando su cuaderno, exclamó:

—¡Lo he encontrado! ¡Lo he encontrado!

—¿Qué ha encontrado, señor Palander? —le preguntó Murray.

—¡Un error decimal en el logaritmo centésimo tercero de la tabla de James Wolston!

En efecto, él había encontrado dicho error. Había detectado un error en un logaritmo. Por tanto, tenía derecho al premio de cien libras prometido por el editor James Wolston. Esto es a lo que se había dedicado el astrónomo del observatorio de Helsingfors durante aquellos cuatro días».

Comentario

La gran concentración y la despreocupación por el mundo real es un tópico que se suele atribuir a los científicos en general y a los matemáticos en particular. Como botón de muestra ofrecemos las anécdotas siguientes atribuidas a dos científicos griegos de los que ya hemos hablado en el anterior capítulo de este libro.

TALES DE MILETO

Se cuenta que, estando una noche observando las estrellas, cayó en una zanja. Entonces, una anciana que estaba presente le dijo: «¿Cómo puedes saber lo que ocurre en el cielo si no ves lo que tienes bajo tus pies?».

ARQUÍMEDES

Sus inventos tuvieron una importancia capital en la defensa de Siracusa contra el asedio romano. Son famosos los espejos mediante los cuales, proyectando convenientemente los rayos solares, Arquímedes causó estragos en la flota de Marcelo, retrasando durante dos largos años la conquista de la ciudad. Al fin, el cerco romano logró su objetivo y Siracusa fue vencida. El saqueo indiscriminado que siguió a la conquista acabó con la vida de nuestro personaje, que fue atravesado por la espada de un soldado enemigo mientras estaba enfrascado en la resolución de un problema geométrico.

6. DOS CALCULADORES INFATIGABLES

En el capítulo XIII (*Con la ayuda del fuego*), Julio Verne vuelve a referirse a la dedicación de Nicolás Palander a los cálculos matemáticos y compara al científico ruso con un colega francés:

> «Solamente Nicolás Palander, siempre absorto en sus cálculos, olvidaba el peligro que corrían sus colegas. Pero no se le debe culpar de egoísmo, porque se podría decir de él lo mismo que se decía del matemático Bouvard: 'No dejará de calcular hasta que deje de vivir'. Quizás, Nicolás Palander dejaría de vivir cuando dejara de calcular».

Comentario

El matemático al que se alude en el texto anterior no es otro que el astrónomo francés Alexis Bouvard (1767-1843), director del Observatorio de París (1822-1843). Descubrió ocho cometas y escribió tablas astronómicas correspondientes a los planetas Júpiter,  Saturno y Urano. Los errores detectados en la última le llevaron a conjeturar la existencia de un nuevo cuerpo celeste (Neptuno) que perturbaba la órbita de Urano.

Alexis Bouvard calculó hasta la víspera de su muerte.

7. UN MATEMÁTICO GALLEGO

En el capítulo XXI (*¡Fiat lux!*), cuando la comisión científica anglo-rusa está sitiada por los *makololos* en el monte Scorzef, el coronel Everest, dirigiéndose a sus compañeros, dice:

> «Cuando Arago, Biot y Rodríguez se propusieron prolongar el meridiano de Dunkerque hasta la isla de Ibiza, se vieron poco más o menos en la misma situación que nosotros. Querían enlazar la isla con la costa de España mediante un triángulo cuyos lados habían de tener más de ciento veinte millas. El astrónomo Rodríguez se instaló en uno de los picos de la isla y mantuvo allí lámparas encendidas, mientras los franceses vivían en una tienda de campaña, a más de cien millas de distancia, en medio del desierto de las Palmas[37]».

Comentario

José Rodríguez González[38], el «astrónomo Rodríguez», nació en Santa María de Bermés (Pontevedra) en 1770, y murió en Santiago de Compostela en 1824.

En 1800 ganó la cátedra de Matemáticas de la Facultad de Medicina de la universidad compostelana, y en 1806 fue nombrado comisario, con el valenciano José Chaix (1766-

---

37 Actualmente el desierto de Las Palmas es un parque natural en la provincia de Castellón.

38 Conocido también como *O Matemático de Bermés*.

1811), de las operaciones para medir un arco de meridiano. En dicha comisión científica también participaban los científicos franceses François Arago y Jean-Baptiste Biot (véase el parágrafo 1 de este capítulo). Además de su cátedra en Santiago, Rodríguez fue profesor de Astronomía en el Observatorio de Madrid.

REFERENCIAS BIBLIOGRÁFICAS

- BORDA, J. C. (1787). *Description et usage du cercle de réflexion, avec différentes méthodes pour calculer les observations nautiques.* Paris: Imprimerie de Didot L'Aîné.

- CASSINI, J. (1723). *Traité de la grandeur et de la figura de la Terre.* Amsterdam: Pierre de Coup.

- CASSINI, C. F. (1744). *La meridienne de l'Observatoire Royal de Paris, vérifiée dans toute l'étendue du Royaume par de nouvelles observations.* Paris: Hippolyte-Louis Guerin, & Jacques Guerin.

- DELAMBRE, (1806-1810) *Base du Système Mètrique Décimal, ou mesure de l'arc du Méridien compris entre les parallèles de Dunkerque et Barcelone, exécutée en 1792 et années suivantes, par MM. Méchain et Delambre* (Tres tomos). Paris: Baudouin.

- GARCET, H. (1853). *Leçons nouvelles de Cosmographie* (Première partie). Paris: Dezobry et E. Magdeleine.

- JUAN, J. y ULLOA, A. (1748). *Observaciones astronomicas, y phisicas hechas de orden de S. Mag. en los reynos del Perú.* Madrid: Juan de Zuñiga.

- LÓPEZ PIÑERO, J. M. et al. (1983). *Diccionario histórico de la ciencia moderna en España* (dos volúmenes). Barcelona: Ediciones Pen.

- MEAVILLA SEGUÍ, V. (2007). *Aprendiendo de los grandes maestros*: selección de problemas lineales y cuadráticos rescatados de los «Elementos de Álgebra» de Leonhard Euler (1707-1783). Badajoz: Federación Española de Sociedades de Profesores de Matemáticas (FESPM).

- PICARD, J. (1671). *Mesure de la Terre*. Paris: Imprimerie Royal.

- RODRÍGUEZ ANNONI, R. (1959). *Al margen de la clase*. Zaragoza: Edit. Librería General.

- VERNE, J. (1872). *Aventures de trois russes et de trois anglais dans l'Afrique australe*. Paris: J. Hetzel.

- VERNE, J. (1934). *Aventuras de tres rusos y tres ingleses en el África austral* (Traducción de Pedro Pedraza y Páez). Barcelona: Editorial Ramón Sopena, S. A.

REFERENCIAS ONLINE

- MacTutor History of Mathematics Archive
- http://www-history.mcs.st-and.ac.uk/

Capítulo 5.
Un globo, un submarino, un yate y una isla con misterio

La isla misteriosa (*L'ile mystérieuse*) se publicó en 1875 y forma parte de una trilogía a la que también pertenecen las novelas *Los hijos de capitán Grant* (1867-1868) y *Veinte mil leguas de viaje submarino* (1869-1870). Los dibujos eran de Pierre Jules Férat y los grabados de Charles Barbant.

El relato se divide en tres partes: (*i*) *Los náufragos del aire*, (*ii*) *El abandonado*, (*iii*) *El secreto de la isla*.

La acción empieza en Richmond, durante la guerra de Secesión de los Estados Unidos, cuando cinco prisioneros nordistas huyen de su cautiverio a bordo de un globo. Los cinco fugitivos son: el ingeniero Cyrus Smith, su criado Nabucodonosor, el periodista Gedeón Spilett, el marino Buenaventura Pencroff, y el joven Harbert Brown.

Durante una terrible tempestad, el globo cae en una isla del Pacífico alejada de las rutas comerciales y que no aparece en ningún mapa geográfico.

Náufragos del aire.

En dicha isla, a la que los náufragos bautizan con el nombre de Isla Lincoln, los cinco americanos crean una comuna autosuficiente sirviéndose para ello de los productos de la naturaleza y de algunos hechos extraños.

La colonia aumenta su población cuando rescatan a un tal Ayrton[39] que vive en estado salvaje en la isla Tabor.

Finalmente, los colonos descubren que la isla también está habitada por el capitán Nemo[40] que, con su Nautilus, ocupa una cueva submarina bajo el volcán del monte Franklin. El capitán muere y es enterrado con su nave en el fondo de la cueva.

El submarino Nautilus.

---

39   Personaje de *Los hijos del capitán Grant.*
40   El capitán Nemo (príncipe Dakkar) es el protagonista de *Veinte mil leguas de viaje submarino.*

La novela concluye cuando la isla desaparece por una erupción volcánica y los seis miembros de la comuna son rescatados por el yate Duncan del escocés lord Glenarvan[41].

1. CLASE DE GEOMETRÍA PRÁCTICA EN UNA ISLA MISTERIOSA

En el capítulo XIV de la primera parte, se desarrolla una interesante lección de geometría práctica que permite determinar de forma indirecta la altura de una muralla granítica.

«Había que completar las observaciones hechas el día anterior midiendo la altura de la   meseta de la Gran Vista sobre el nivel del mar.

—¿No necesitará usted un instrumento análogo al que le sirvió ayer? —preguntó Harbert al ingeniero[42].

—No, hijo mío, no —contestó este—. Vamos a proceder de otro modo y de una manera casi tan exacta.

Harbert, que gustaba de instruirse en todo, siguió al ingeniero, que se apartó del pie de la muralla granítica bajando hasta el extremo de la playa, mientras Pencroff, Nab y el corresponsal se ocupaban en diversos trabajos.

Cyrus Smith se había provisto de una especie de pértiga de unos doce pies de longitud, que había medido con la exactitud posible, comparándola con su propia estatura, cuya altura conocía más o menos. Harbert llevaba una plomada que le había dado el ingeniero, es decir, una simple piedra atada al extremo de una hebra flexible.

---

41   Protagonista de *Los hijos del capitán Grant*.
42   Se refiere a Cyrus Smith.

Al llegar a veinte pasos del extremo de la playa, a unos quinientos pies de la muralla de granito, que se levantaba perpendicularmente, Cyrus Smith clavó la pértiga uno o dos pies en la arena, calzándola con cuidado, y por medio de la plomada consiguió ponerla perpendicularmente al suelo.

Hecho esto, retrocedió la distancia necesaria para que, echado sobre la arena, el rayo visual, partiendo de su ojo derecho, rozase a la vez el extremo de la pértiga y la cresta de la muralla. Después marcó cuidadosamente aquel punto con un jalón pequeño.

—¿Conoces los primeros principios de la geometría? —dijo luego, dirigiéndose a Harbert.

—Un poco, señor Cyrus —contestó el joven, que no se quería comprometer demasiado.

Determinación de la altura de la muralla granítica.

—¿Recuerdas bien las propiedades de dos triángulos semejantes?

—Sí— contestó Harbert—. Sus lados homólogos son proporcionales.

—Pues bien, hijo mío, acabo de construir dos triángulos semejantes, ambos rectángulos: el primero, el más pequeño, tiene por lados la pértiga perpendicular, la distancia que separa el jalón del extremo inferior de la pértiga y el rayo visual por hipotenusa; el segundo tiene por lados la muralla perpendicular, cuya altura se trata de medir, la distancia que separa el jalón del extremo inferior de esta muralla y mi rayo visual, que forma igualmente su hipotenusa, la cual viene a ser la prolongación de la del primer triángulo.

—¡Ah!, señor Cyrus, ya comprendo —exclamó Harbert—. Así, como la distancia del jalón a la base de la pértiga es proporcional a la distancia del jalón a la base de la muralla, del mismo modo la altura de la pértiga es proporcional a la altura de esa muralla.

—Eso es, Harbert —contestó el ingeniero— y, cuando hayamos medido las dos primeras distancias, conociendo la altura de la pértiga, no tendremos que hacer más que una regla de tres, la cual nos dará la altura de la muralla y nos evitará el trabajo de medirla directamente.

Tomaron las dos distancias horizontales por medio de la longitud de la pértiga, cuya longitud sobre la arena era exactamente de diez pies. La primera distancia era de quince pies, que mediaban entre la base del jalón y la base de la pértiga.

La segunda distancia, entre el jalón y la base de la muralla, era de quinientos pies».

Comentario

El procedimiento de medición indirecta utilizado por Cyrus Smith se comprende fácilmente recurriendo al diagrama siguiente:

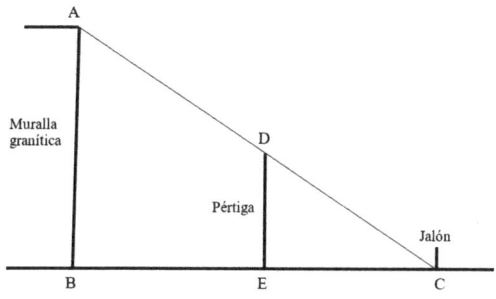

AB = x = altura de la muralla granítica.
DE = 10 pies = altura de la pértiga.
BC = 500 pies = distancia de la muralla granítica al jalón.
EC = 15 pies = distancia de la base de la pértiga a la base del jalón.

Los triángulos rectángulos ABC y DEC son semejantes. Por tanto:

$$\frac{AB}{BC} = \frac{DE}{EC} \Rightarrow \frac{x}{500} = \frac{10}{15} \Rightarrow x = \frac{500 \times 10}{15} = \frac{5000}{15} = \frac{1000}{3} \text{pies} = 333{,}3 \text{ pies}$$

2. LA CUENTA DE UNA COSECHA DE TRIGO

En el capítulo XX de la primera parte tiene lugar un diálogo entre Pencroff y Cyrus Smith que está íntimamente relacionado con las progresiones geométricas.

«—Pencroff, ¿sabe cuántas espigas puede producir un grano de trigo?

—¡Una, supongo! —respondió el marino, sorprendido por la pregunta.

—Diez, Pencroff. ¿Y sabe cuántos granos da una espiga?

—No.

—Ochenta de promedio —dijo Cyrus Smith—. Entonces, si plantamos este grano, en la primera cosecha recogeremos ochocientos granos, que producirán en la segunda cosecha seiscientos cuarenta mil, en la tercera, quinientos doce millones, en la cuarta, más de cuatrocientos mil millones de granos... Esa es la proporción.

Los compañeros de Cyrus Smith lo escuchaban en silencio. Esas cifras los dejaban asombrados. Sin embargo, eran exactas.

—Sí, amigos míos —prosiguió el ingeniero—, esas son las progresiones aritméticas[43] de la fecunda naturaleza».

Comentario

Si un grano de trigo da diez espigas y una espiga da ochenta granos, entonces un grano, en la primera cosecha, produce $10 \times 80 = 800$ granos.

En la segunda cosecha, los ochocientos granos producen $800 \times 10 = 8000$ espigas que, a su vez, dan $8000 \times 80 = 640.000$ granos $= 800^2$ granos.

En la tercera cosecha, los 640.000 granos producen $640.000 \times 10 = 6.400.000$ espigas que, a su vez, dan $6.400.000 \times 80 = 512.000.000$ granos $= 800^3$ granos.

Por tanto, en la cuarta cosecha se producirán 800^4 granos $= 409.600.000.000$ granos $> 400.000.000.000$ granos.

En otras palabras, los números que indican los granos de la 1ª, 2ª, 3ª, 4ª... cosecha son términos de una progresión

---

43   Debe decir «progresiones geométricas».

geométrica cuyo primer término es $a_1 = 800$ y cuya razón es $r = 800$.

Teniendo en cuenta que en cualquier progresión geométrica el término enésimo a_n viene dado por:

$$a_n = a_1 r^{n-1}$$

resulta que, en el caso que nos ocupa, $a_n = 800 \times 800^{n-1} = 800^n$

En otras palabras: el número de granos en la cosecha enésima es de 800^n

3. UN NÚMERO MUY GRANDE

En el capítulo XVIII de la segunda parte, se plantea una cuestión interesante desde una óptica aritmética: contar un número muy grande. Veamos.

> «La cuarta cosecha de trigo había sido extraordinaria y a nadie se le ocurrió comprobar si estaban los cuatrocientos mil millones de granos. La primera idea de Pencroff había sido hacerlo, pero cuando Cyrus Smith le dijo que, aunque contase trescientos granos por minuto, es decir, nueve mil por hora, necesitaría unos cinco mil quinientos años para terminar de contar, el marino pensó que debía renunciar a su plan».

Comentario

[1] En este pasaje se comete un error de cálculo al admitir que, si se cuentan 300 granos por minuto, se contarán 9000 granos por hora.

Con esta aclaración, el tiempo empleado en contar cuatrocientos mil millones de granos se obtendría del modo siguiente:

Si se cuentan 300 granos en un minuto, entonces en una hora se contarán:

$$300 \times 60 = 18.000 \text{ granos}$$

Si en una hora se cuentan 18.000 granos, en un día se contarán:

$$18.000 \times 24 = 432.000 \text{ granos}$$

Si en un día se cuentan 432.000 granos, en un año se contarán:

$$432.000 \times 365 = 157.680.000 \text{ granos}$$

Por tanto, si para contar 157.680.000 granos se tarda un año, para contar cuatrocientos mil millones de granos, se tardarán:

$$\frac{400.000.000.000}{157.680.000} \text{ años} \cong 2536 \text{ años}$$

[2] Por otro lado, el tiempo calculado por Verne [$\cong$5500 años] sería aceptable si en lugar de 300 granos por minuto se contasen 150.

En efecto:

Si se cuentan 150 granos en un minuto, entonces en una hora se contarán:

$$150 \times 60 = 9000 \text{ granos}$$

Si en una hora se cuentan 9000 granos, en un día se contarán:

$$9000 \times 24 = 216.000 \text{ granos}$$

Si en un día se cuentan 216.000 granos, en un año se contarán:

$$432.000 \times 365 = 78.840.000 \text{ granos}$$

Por tanto, si para contar 78.840.000 granos se tarda un año, para contar cuatrocientos mil millones de granos, se tardarán:

$$\frac{400.000.000.000}{78.840.000} \text{ años} \cong 5073 \text{ años}$$

4. BOSQUES DE REVOLUCIÓN

En el capítulo XI de la tercera parte, el novelista de Nantes describe una especie de árboles utilizando algunos cuerpos de revolución:

> «Los colonos también descubrieron grupos de magníficos *kauris*, cuyos troncos cilíndricos estaban coronados por conos de vegetación y se elevaban a una altura de doscientos pies».

5. LA CUEVA DEL NAUTILUS

Por último, en el capítulo XVI de la tercera parte, cuando describe la gruta en la que se esconde el capitán Nemo y su Nautilus, Verne recurre al lenguaje geométrico.

> «La caverna se había ensanchado considerablemente y el mar formaba un pequeño lago. Pero la bóveda, las paredes laterales, el muro del fondo, todos esos prismas, todos esos cilindros, todos esos conos, estaban bañados por el fluido eléctrico, hasta el punto de que el resplandor parecía suyo».

REFERENCIAS BIBLIOGRÁFICAS

- VERNE, J. (1875). *L'ile mystérieuse*. Paris: J. Hetzel.
- VERNE, J. (2009). *La isla misteriosa*. Barcelona: Penguin Random House Grupo Editorial.

Capítulo 6.
Una boda con problemas

La *jangada*[44] (*800 leguas por el Amazonas*) se publicó en 1881 con dibujos de León Benett.

La novela se estructura en dos partes y cuenta el viaje de la familia Garral por el Amazonas.

Juan Garral [= Juan Dacosta], para celebrar la boda de su hija Minha con Manuel Valdez, debe viajar con su familia desde Iquitos (Perú) hasta Belem (Brasil).

Los Garral, con su séquito y criados, planean hacer el viaje navegando por el río Amazonas a bordo de una jangada.

Durante el trayecto, entra en escena un personaje siniestro, un tal Torres[45], propietario de un criptograma en el que se exculpa a Garral de un delito por el que es condenado en Brasil. Dicho crimen se remonta al año 1826 (cuando Juan Dacosta tenía unos veintidós años) y está relacionado con el

---

44   Balsa que se forma con los troncos que van a ser llevados al aserradero.
45   Antiguo *capitão do mato*, dedicado a la búsqueda y captura de los esclavos negros fugitivos.

robo de un convoy de diamantes y el asesinato de los miembros de su escolta.

La Jangada. Frontispicio.

Torres exige la mano de Minha a cambio del mensaje cifrado.

Para que Garral eluda la pena de muerte y para que su hija se libre de un matrimonio inaceptable, es preciso recuperar el mensaje cifrado y traducirlo.

El juez Jarríquez.

1. EL CRIPTOGRAMA Y EL ANÁLISIS DE FRECUENCIAS[46]

« Phyjslyddqfdzxgasgzzqqehxgkfndrxujugiocytdxvksbxhhuypo
hdvyrymhuhpuydkjoxphétozsletnpmvffovpdpajxhyynojyggaymeqy
nfuqlnmvlyfgsuzmqiztlbqgyugsqeubvnrcredgruzblrmxyuhqhpzdr
rgcrohepqxufivvrplphonthvddqfhqsntzhhhnfepmqkyuuexktogzgky
uumfvijdqdpzjqsykrplxhxqrymvklohhhotozvdksppsuvjhd. »

El criptograma.

Después de la muerte de Torres, a manos de Benito (hijo de Dacosta), el criptograma es entregado al juez Jarríquez. Gran aficionado a los relatos de Edgar Allan Poe[47], el magistrado empieza el análisis del jeroglífico determinando la frecuencia con la que aparece cada una de las letras.

---

46   El contenido de este parágrafo se desarrolla en el capítulo XII (*Le document*) de la segunda parte de la novela.

47   En 1843, el escritor norteamericano Edgar Allan Poe publicó el relato *El escarabajo de oro*. En él, la traducción de un criptograma permite determinar el lugar donde está enterrado un tesoro.

De este modo se obtiene la tabla siguiente:

Letra	Número de veces	Letra	Número de veces
a	3		120
b	4	n	9
c	3	o	12
d	16	p	16
e	9	q	16
f	10	r	12
g	13	s	10
h	23	t	8
i	4	u	17
j	8	v	13
k	9	x	12
l	9	y	19
m	9	z	12
	120		276

Además, ordenando las frecuencias en orden decreciente resulta el cuadro adjunto:

LETRAS	NÚMERO DE VECES
h	23
y	19
u	17
d, p, q	16
g, v	13
o, r, x, z	12
f, s	10
e, k, l, m, n	9
j, t	8
b, i	4
a, c	3

A partir de aquí, suponiendo que el mensaje cifrado está escrito en portugués, Jarríquez admite que *h* puede representar la letra *a* o la letra *o*.

Además, apoyándose también en la tabla de frecuencias, el juez construye un alfabeto con el que pretende traducir la misiva original.

Sin embargo, al reemplazar las letras del criptograma por las del nuevo alfabeto, se obtiene un galimatías literal similar al del mensaje cifrado.

2. UN NUEVO ENFOQUE[48]

Ante este fracaso, el magistrado deduce que el jeroglífico no se apoya en la proporcionalidad de las letras sino que se basa en un número.

Jarríquez comunica esta hipótesis a Manuel Valdez y se la explica mediante un caso concreto.

Sea, por ejemplo, la frase:

Le juge Jarriquez est doué d'un esprit très ingénieux[49]   [1]

Manuel Valdez y el juez Jarríquez.

---

48   El contenido de esta sección se expone en el capítulo XIII (*Où il est question de chiffres*) de la segunda parte de la novela.
49   El juez Jarríquez está dotado de un raciocinio muy ingenioso.

Sea también el número 423 elegido arbitrariamente.

Si se escribe dicho número debajo de la frase anterior, repitiéndolo tantas veces como sea necesario para agotar la frase, se tiene la disposición siguiente:

Le juge Jarriquez est doué d'un esprit très ingénieux
42 3423 423423423 423 4234 234 234234 2342 342342342

Entonces, reemplazando cada letra por la que se obtiene al avanzar en el orden alfabético[50] tantos lugares como indica la cifra correspondiente, se tiene:

$L(\rightarrow 4)$ se convierte en p

$e(\rightarrow 2)$ " g

$j(\rightarrow 3)$ " m

$u(\rightarrow 4)$ " z

$g(\rightarrow 2)$ " i

$e(\rightarrow 3)$ " h

$J(\rightarrow 4)$ " n

....

....

Si al avanzar en el orden alfabético se sobrepasa la última letra del alfabeto, entonces se sigue contando a partir de la primera letra del abecedario.

---

50 El orden alfabético utilizado por Jarríquez es: *a, b, c, d, e, f, g, h, i, j, k, l, m, n, o, p, q, r, s, t, u, v, x, y, z.*

Por ejemplo, la letra equivalente a la *z*(3) de la palabra *Jarríquez* es la letra *c*.

Con esto, la frase [1] se convierte en el mensaje encriptado:

Pg mzih Ncuvktzgc iux hqyi fyr gvttly vuiu lrihrkhzz [2]

Ni que decir tiene que para volver al mensaje original se puede seguir el procedimiento siguiente: (*i*) escribir el número 423 debajo de la «frase» anterior, repitiéndolo tantas veces como sea necesario para agotar la frase, (*ii*) reemplazar cada letra por la que se obtiene al retroceder en el orden alfabético tantos lugares como indica la cifra correspondiente.

Entonces, si la hipótesis de Jarríquez es adecuada, resulta claro que para descifrar el criptograma en el que se exculpa a Juan Dacosta es preciso conocer el número criptográfico en el que se apoya.

¿Cuál es este número? ¿Cuántas cifras tiene? ¿Son todas distintas? ¿Se repiten algunas?

Ante la imposibilidad de descubrir dicho número al azar, el magistrado comenta:

«¿Sabéis, joven, que con las diez cifras de la numeración, empleándolas todas, sin repetición ninguna, pueden formarse tres millones doscientos sesenta y ocho mil ochocientos números diferentes y que si se repitiesen varias cifras, estos millones de variaciones aumentarían todavía? ¿Y sabéis que empleando un solo minuto de los quinientos veinticinco mil seiscientos de que se compone el año en ensayar cada uno de estos números, necesitaríais más de seis años y que si cada operación exigiese una hora no tendríais bastante con tres siglos? ¡No! Esto es pedir un imposible[51]».

3. ALGUNOS INTENTOS FALLIDOS

En el capítulo XIV (*A tout hazard!*) de la segunda parte, Jarríquez asocia, en primera instancia, las letras de algunas palabras relacionadas con el delito (diamantes, Dacosta...) con letras consecutivas del criptograma. De este modo pretende identificar el número criptográfico.

Por otro lado, elige algunos números relacionados con Garral [= Dacosta] como posibles candidatos al «número llave» (1804 = año de nacimiento de Dacosta, 1826 = año en

---

51 Con los diez dígitos del sistema de numeración decimal se pueden escribir 10! =10×9×8×7×6×5×4×3×2 = 3.628.800 números de diez cifras sin que se repita ninguna. Por tanto, el dato facilitado por Verne es erróneo.

Dado que un año tiene 365×24×60 = 525.600 minutos, resulta que si tardásemos un minuto en ensayar un número, entonces para ensayar 3.628.800 números tardaríamos 3.628.800 minutos =

$$= \frac{3.628.800}{525.600} \text{años} = 6,904 \ldots \text{años}$$

Dado que un año tiene 365×24 = 8.760 horas, resulta que si en cada operación se tardase una hora, para efectuar 3.628.800 operaciones se tardarían 3.628.800 horas =

$$= \frac{3.628.800}{8.760} \cong 414 \text{ años} \cong 4 \text{ siglos}$$

Por otro lado, con los diez dígitos del sistema de numeración decimal se pueden escribir 10^{10} números de diez cifras en los que estas se pueden repetir.

el que se cometió el delito, 834 *contos de réis*[52] = valor de los diamantes robados).

En ambas situaciones el resultado es el mismo: fracaso total.

DOS ENSAYOS DE JARRÍQUEZ

[a] Si se asocia la palabra *Dacosta* con las siete primeras letras *Phyjsly* del mensaje encriptado, se tiene que:

Para obtener la letra *D* a partir de la *P* se deben retroceder doce lugares. Es decir: la primera cifra del número criptográfico debe ser 12 [= número de dos cifras]. Esta situación absurda invalida la identificación de las palabras *Dacosta* y *Phyjsly*.

[b] Si se elige 1804 como número llave, entonces (considerando las doce primeras letras del criptograma) resulta que:

$$P \quad h \quad y \quad j \quad s \quad l \quad y \quad d \quad d \quad q \quad f \quad d$$
$$1 \quad 8 \quad 0 \quad 4 \quad 1 \quad 8 \quad 0 \quad 4 \quad 1 \quad 8 \quad 0 \quad 4 \; ,$$

de donde se obtiene la siguiente sucesión literal:

$$O \quad z \quad y \quad f \quad r \quad d \quad y \quad z \quad c \quad i \quad f \quad z \; ,$$

que no tiene significado alguno.

---

52   Un *conto de réis* equivalía a un millón de *réis* (reales).

4. UN PEQUEÑO PARÉNTESIS

Después de los antedichos intentos fallidos, el juez Jarríquez sigue enfrascado, sin éxito alguno, en la traducción del criptograma.

Por otro lado, Fragoso[53] intenta ponerse en contacto con el jefe de la milicia a la que perteneció Torres, para obtener detalles relativos al autor del criptograma.

Además, Manuel y Benito diseñan un plan para liberar de la cárcel a Juan Dacosta. El terrateniente de Iquitos rechaza el plan y se somete a la orden del jefe supremo de Justicia de Río de Janeiro en la que se ratifica su sentencia de muerte.

Dacosta rechaza el plan de fuga.

---

53   Este personaje, peluquero de profesión, aparece por primera vez en el capítulo VII (*En suivant une liane*) de la primera parte, cuando es salvado de un intento de suicidio por Benito, Manuel, Minha y su criada Lina.

Estos hechos transcurren a lo largo de los capítulos XV (*Derniers efforts*), XVI (*Dispositions prises*) y XVII (*La dernière nuit*) de la segunda parte.

5. LA PALABRA CLAVE[54]

El día de la ejecución, Fragoso regresa del viaje en el que ha contactado con el jefe de la milicia de *capitães do mato* a la que perteneció Torres.

Fragoso y el jefe de la milicia.

---

54 El contenido de esta sección se expone en el capítulo XIX (*Le crime de Tijuco*) de la segunda parte de la novela.

De esta entrevista, el peluquero obtiene el nombre del autor del mensaje cifrado: ORTEGA.

Fragoso comunica al juez Jarríquez este descubrimiento y el magistrado, en su intento de descubrir el número criptográfico asociado al jeroglífico, hace corresponder el nombre con las seis primeras letras del documento secreto.

Ortega
Phyjsl

Con esto, por ejemplo, para transformar la *a* en *l* haría falta avanzar en el orden alfabético once lugares. Por tanto, la última cifra del número clave asociado tendría dos cifras. En definitiva, no se puede asociar la palabra *Ortega* con la serie *Phyjsl*.

Ante esta imposibilidad, el magistrado opta por asociar el nombre facilitado por Fragoso con las seis últimas letras del documento encriptado.

Ortega

Suvjhd

En esta situación, para transformar la *O* en *S* hace falta avanzar cuatro lugares, para convertir la *r* en *u* es preciso avanzar tres posiciones, para cambiar la *t* por una *v* es necesario avanzar dos lugares, etc.

Con esto, el número que permite transformar las dos sucesiones literales precedentes es 432.513.

¿Se puede asegurar que este número es el número criptográfico?

Veamos.

Si lo escribimos debajo de las veinticuatro primeras letras del mensaje cifrado se tiene:

P h y j s l y d d q f d z x g a s g z z q q e h
4 3 2 5 1 3 4 3 2 5 1 3 4 3 2 5 1 3 4 3 2 5 1 3

$P(\leftarrow4)$	se convierte en	L
$h(\leftarrow3)$	"	e
$y(\leftarrow2)$	"	v
$j(\leftarrow5)$	"	e
$s(\leftarrow1)$	"	r
$l(\leftarrow3)$	"	i
$y(\leftarrow4)$	"	t
$d(\leftarrow3)$	"	a
$d(\leftarrow2)$	"	b
$q(\leftarrow5)$	"	l
$f(\leftarrow1)$	"	e
....		
....		

Teniendo en cuenta la tabla anterior, el lector puede concluir que la traducción de la serie precedente es:

Le véritable auteur du vol de...[55]

Más aún, escribiendo el número 432.513 debajo de todas las letras del mensaje se obtiene:

Le véritable auteur du vol des diamants et de l'assassinat des soldats qui escortaient le convoi, commis dans la nuit

---

55 «El verdadero autor del robo...».

du vingt-deux janvier mil huit cent vingt-six, n'est donc pas Joam Dacosta, injustement condamné à mort; c'est moi, le misérable employé de l'administration du district diamantin; oui, moi seul, qui signe de mon vrai nom, Ortega[56].

Con este documento, el juez Jarríquez consigue la libertad y rehabilitación de Juan Dacosta.

6. UN EJERCICIO PRÁCTICO

Dado que a lo largo del capítulo hemos trabajado con un mensaje cifrado correspondiente a un texto en francés, invitamos al lector interesado a que (utilizando el número criptográfico 432.513 y el abecedario español) obtenga el mensaje cifrado asociado al documento siguiente:

«El verdadero autor del robo de los diamantes y del asesinato de los soldados que escoltaban el convoy, cometido en la noche del veintidós de enero de mil ochocientos veintiséis, no es Juan Dacosta, injustamente condenado a muerte; soy yo, el miserable empleado de la administración del distrito diamantífero; sí, solo yo, que firmo con mi verdadero nombre, Ortega».

---

56   «El verdadero autor del robo de los diamantes y del asesinato de los soldados que escoltaban el convoy, cometido en la noche del veintidós de enero de mil ochocientos veintiséis, no es Juan Dacosta, injustamente condenado a muerte; soy yo, el miserable empleado de la administración del distrito diamantífero; sí, solo yo, que firmo con mi verdadero nombre, Ortega».

REFERENCIAS BIBLIOGRÁFICAS

–   VERNE, J. (1881). *La jangada. Huit cents lieues sur l'Amazone.* Paris: J. Hetzel.

Capítulo 7.
Húngaros independentistas

La novela *Mathias Sandorf* se publicó en 1885 con ilustraciones de L. Benett. En la dedicatoria a Alejandro Dumas hijo, Julio Verne anuncia que ha pretendido hacer de Matías Sandorf el conde de Montecristo de sus *Viajes extraordinarios.*

La obra se estructura en cinco partes y comienza en Trieste. En dicha ciudad del nordeste de Italia, dos personajes de los bajos fondos (Sarcany y Zironc) capturan una paloma mensajera que lleva una tarjeta atada a una de sus alas. La tarjeta contiene un mensaje escrito en lenguaje cifrado con dieciocho palabras de seis letras cada una, dispuestas en tres columnas.

Los dos malhechores, creyendo que el mensaje encierra un misterio que les puede reportar pingües beneficios, hacen una copia exacta del mismo y, subiéndose a una torre de la catedral, sueltan la paloma con el original atado a una de sus alas.

Con ello pretenden descubrir el remitente o el destinatario de la misiva.

Sarcany y Zirone.

138

Al cabo de unos minutos, la paloma se posa en una casa modesta, domicilio del conde húngaro Ladislao Zathmar, en la que también se aloja el conde Matías Sandorf.

En Trieste también vive el profesor de ciencias físicas Esteban Bathory, amigo de los dos nobles magiares.

Los tres compañeros están involucrados en una conspiración contra la monarquía austrohúngara y el domicilio de Zathmar es el punto de reunión de los principales jefes del complot. Un servicio de palomas mensajeras permite una comunicación rápida y segura entre Trieste y las principales ciudades húngaras, cuando las noticias no se pueden comunicar ni por carta ni por telégrafo. Además, los mensajes se escriben en un lenguaje cifrado utilizando un método que garantiza una seguridad casi absoluta. Dicho método se apoya en la transposición de letras mediante una rejilla especial.

Zathmar y Bathory.

Llegados a este punto del relato, entra en escena el banquero Silas Toronthal, viejo conocido de Sarcany. Este, en una entrevista mantenida en el despacho del empresario, le pone en antecedentes sobre la captura de la paloma, el hallazgo del mensaje cifrado, el descubrimiento de la casa, las reuniones que tienen lugar en ella, sus visitantes principales, y la llegada y salida de palomas mensajeras. Además, le comunica que tiene la sospecha de que en dicho domicilio se está gestando una conspiración contra el Estado.

Silas Toronthal y Sarcany.

Por otro lado, Sarcany sostiene que la clave para descifrar el criptograma no es numérica ni alfabética, sino que se consiste en una rejilla sin la que es imposible desencriptar el documento. Por tanto, para desenmascarar el complot, es imprescindible conseguir el desencriptador.

Gracias a la mediación de Toronthal, su cliente Matías Sandorf permite que Sarcany tenga libre acceso al domicilio de su amigo el conde Zathmar. El objetivo del malhechor es claro: apoderarse de la rejilla que permite descifrar el documento cifrado.

En una ocasión, aprovechando la ausencia de Ladislao, Sarcany consigue entrar en la habitación del conde, forzar los cajones de un secreter y acceder al cifrador.

A partir de aquí se desencadenan una sucesión de acontecimientos: (*i*) se traduce el mensaje, (*ii*) se descubre la conspiración, (*iii*) Silas Toronthal denuncia a Matías Sandorf y sus colaboradores, (*iv*) los conspiradores son encarcelados.

Sandorf logra escapar de su encierro y, al cabo de unos años, regresa en busca de venganza.

1. EL MENSAJE CIFRADO

El documento transportado por la paloma mensajera al que nos hemos referido en líneas precedentes está escrito en lenguaje cifrado y contiene dieciocho palabras de seis letras cada una, dispuestas en seis filas y tres columnas.

ihnalz	zaemen	ruiopn
arnuro	trvree	mtqssl
odxhnp	estlev	eeuart
aeeeil	ennios	nouprg
spesdr	erssur	ouitse
eedgnc	tovedt	artuee

El mensaje cifrado.

2. EL DESENCRIPTADOR

La rejilla que permite la lectura del mensaje cifrado se describe en el capítulo IV (*Le billet* chiffré) de la primera parte, en los siguientes términos:

«Esta rejilla era un simple cuadrado de cartón, de seis centímetros de lado, dividido en treinta y seis cuadrados iguales de un centímetro de lado. De estos treinta y seis cuadrados, dispuestos sobre seis líneas horizontales y seis verticales, como los de una tabla de Pitágoras[57] restringida a seis cifras, veintisiete están llenos y nueve vacíos (…).

---

57   Se llama así a una tabla de multiplicar como la siguiente:

En la primera fila, las tres casillas vacías ocupan los lugares 2, 4 y 6; en la segunda, el único cuadro vacío ocupa el lugar 5; en la tercera línea, la única casilla vacía ocupa el lugar 3; en la cuarta fila, los dos escaques vacíos ocupan los lugares 2 y 5; en la quinta línea, el cuadro vacío ocupa el lugar 6; en la sexta fila, la casilla vacía ocupa el lugar 4».

Además, en la parte superior de la rejilla aparece el signo + (véase la figura adjunta).

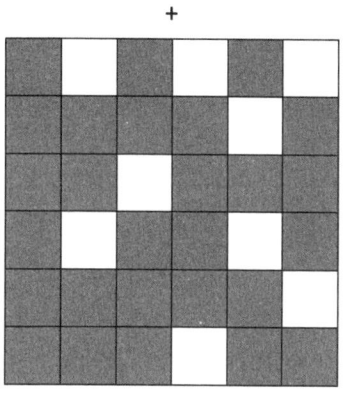

El desencriptador

x	1	2	3	4	5	6	7	8	9	10
1	1	2	3	4	5	6	7	8	9	10
2	2	4	6	8	10	12	14	16	18	20
3	3	6	9	12	15	18	21	24	27	30
4	4	8	12	16	20	24	28	32	36	40
5	5	10	15	20	25	30	35	40	45	50
6	6	12	18	24	30	36	42	48	54	60
7	7	14	21	28	35	42	49	56	63	70
8	8	16	24	32	40	48	56	64	72	80
9	9	18	27	36	45	54	63	72	81	90
10	10	20	30	40	50	60	70	80	90	100

3. CÓMO SE USA LA REJILLA

Para comprender el funcionamiento de la rejilla desencriptadora, en primer lugar nos ocuparemos de las seis palabras que configuran la primera columna del mensaje cifrado.

Si las escribimos en una malla cuadrada 6 × 6 se obtiene la distribución de la figura adjunta.

i	h	n	a	l	z
a	r	n	u	r	o
o	d	x	h	n	p
a	e	e	e	i	l
s	p	e	s	d	r
e	e	d	g	n	c

Figura 1.

[1] Si a esta «estructura literal» le superponemos la rejilla descifradora, solo se ven las letras que se detallan en el diagrama siguiente:

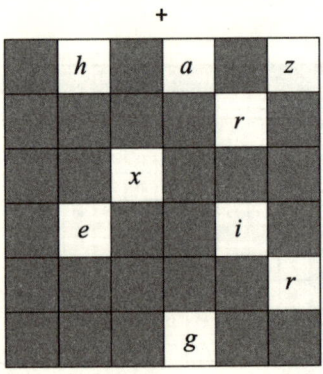

Tenemos, pues, la palabra siguiente: *hazrxeirg.*

[2] Si a la distribución de la figura 1 le superponemos la rejilla girada 90° en el sentido de las agujas del reloj se tiene:

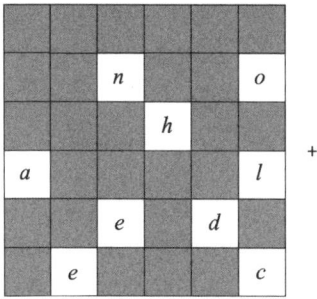

Con esto, se obtiene la palabra: *nohaledec.*

[3] Si a la distribución de la figura 1 le superponemos la rejilla girada 180° en el sentido de las agujas del reloj se tiene:

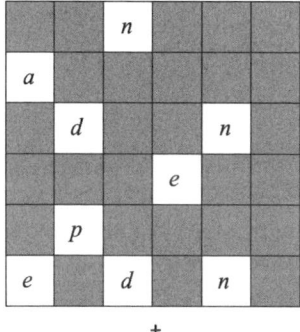

En consecuencia, se construye la sucesión: *nadnepedn.*

[4] Si a la distribución de la figura 1 le superponemos la rejilla girada 270° en el sentido de las agujas del reloj se tiene:

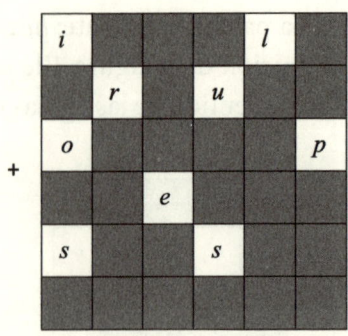

+

Por consiguiente, resulta la palabra: *ilruopess*.

Si se aplica el mismo procedimiento a los seis elementos de la segunda columna del mensaje cifrado, se obtienen las cuatro palabras siguientes:

amnetnore , velessuot , etseirted , zerrevnes

Por último, si se aplica el mismo método a las seis palabras de la tercera columna del mensaje cifrado, resultan las siguientes sucesiones literales:

uonsuoveu , qlangisre , imerpuate , rptsetuot

Si se escriben las doce palabras obtenidas, una detrás de otra, se configura el siguiente texto:

hazrxeirgnohaledecnadnepednilruopessamnetnorevelessuo-
tetseirtedzerrevnesuonsuoveuqlangisreimerpuaterptsetuot

De donde, leyendo al revés y añadiendo los signos de puntuación pertinentes, resulta:

Tout est prêt. Au premier signal que vous nous enverrez de Trieste, tous se leveront en masse pour l'independance de la Hongrie. Xrzah[58]

4. ALGUNAS OBSERVACIONES

El método de cifrado que acabamos de exponer, se conoce como método de la rejilla giratoria y fue expuesto por el comandante de la caballería austriaca Eduard B. Fleissner von Wostrowitz (1825-1888) en su libro *Handbuch der Kryptographie* (Manual de Criptografía), publicado en Viena en 1881.

4.1. CARACTERÍSTICAS Y CONSTRUCCIÓN DE LA REJILLA

La rejilla utilizada por los independentistas húngaros consiste en una malla cuadrada que contiene treinta y seis casillas cuadradas. Nueve [= la cuarta parte de 36] están agujereadas y veintisiete no.

La disposición de las cuadrículas vacías es tal que, partiendo de una posición inicial[59], si se efectúan tres giros de 90°, 180° y 270°, los cuadros agujereados ocupan sucesivamente todas las casillas de la rejilla, una y solo una vez.

Para construir una rejilla de estas características se puede proceder como sigue:

---

58   «Todo está preparado. A la primera señal que nos mandéis de Trieste, todos se levantarán en masa para la independencia de Hungría. Xrzah»
59   En dicha posición, la rejilla tiene el signo + sobre el lado superior.

[*a*] Se divide la malla 6 × 6 en cuatro submallas 3 × 3 y se numeran sus escaques tal como se indica en la figura adjunta.

+

1	2	3	7	4	1
4	5	6	8	5	2
7	8	9	9	6	3
3	6	9	9	8	7
2	5	8	6	5	4
1	4	7	3	2	1

Figura 2

Notemos que por un giro de 90° en el sentido de las agujas del reloj, cada cuadrado 3 × 3 se convierte en otro adyacente de modo que cada casilla se transforma en otra con el mismo número.

[*b*] Con esto, para que (partiendo de la posición inicial) las cuadrículas vacías ocupen todos los escaques de la rejilla a lo largo de los giros que hemos indicado en líneas precedentes, bastará con elegir de forma arbitraria una casilla decorada con 1, otra numerada con 2..., otra decorada con 9.

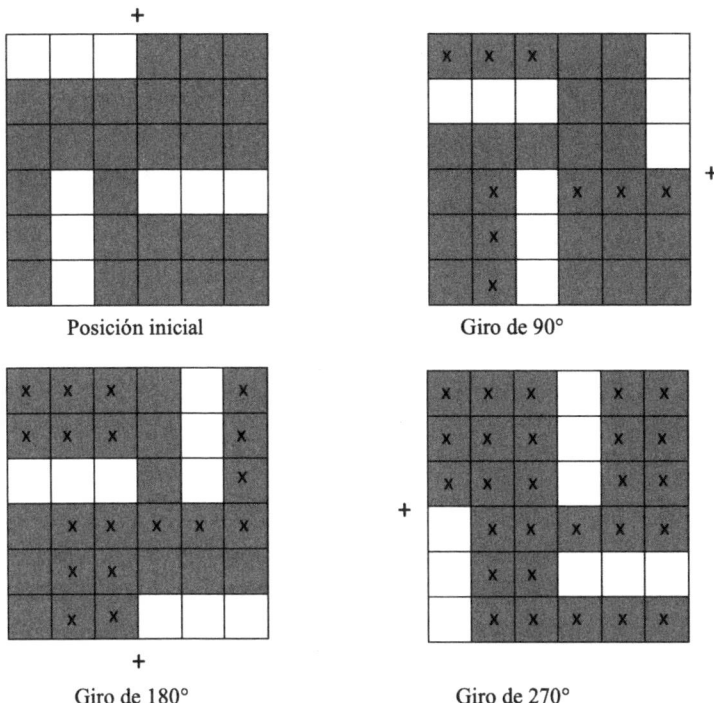

Posición inicial

Giro de 90°

Giro de 180°

Giro de 270°

En las figuras anteriores, las cuadrículas vacías son blancas, y las restantes son grises. Además, hemos marcado con el signo × los escaques que ocupan las casillas vacías en posiciones anteriores de la rejilla.

Llegados a este punto, conviene prestar atención a un problema de carácter combinatorio que se puede plantear en los siguientes términos:

En una rejilla 6 × 6, como la de la figura 2, ¿de cuántas formas distintas se pueden elegir nueve casillas de modo que una esté decorada con 1, otra numerada con 2..., y otra decorada con 9?

Resulta claro que hay 4 formas de elegir el número 1. Por cada una de ellas hay 4 maneras de escoger 2. Por consiguiente, hay $4 \times 4 = 4^2$ posibilidades para elegir 1 y 2.

Por cada una de estas 4^2 opciones hay 4 formas de escoger 3. En consecuencia, hay $4^2 \times 4 = 4^3$ maneras de elegir 1, 2 y 3.

Razonando de este modo, resulta obvio que hay 4^4 posibilidades de escoger 1, 2, 3 y 4; 4^5 formas de elegir 1, 2, 3, 4 y 5...; y $4^9 = 262.144$ maneras de escoger 1, 2, 3, 4, 5, 6, 7, 8 y 9.

4.2. CÓMO CIFRAR UN MENSAJE

Supongamos que se quiere cifrar el mensaje

> Tout est prêt. Au premier signal que vous nous enverrez de Trieste, tous se leveront en masse pour l'independance de la Hongrie. Xrzah

utilizando la rejilla de los húngaros independentistas.

La rejilla (posición inicial).

Para ello se procede del modo siguiente:

[α] Se invierte el mensaje original y se distribuyen las letras en grupos de 9 letras cada uno.

hazrxeirg   nohaledec   nadnepedn   ilruopess
amnetnore   velessuot   etseirted   zerrevnes
uonsuoveu   qlangisre   imerpuate   rptsetuot

[β] En los huecos de la rejilla (posición inicial) se escribe la primera palabra de la primera fila. En los huecos de la rejilla (giro de 90°) se escribe la segunda palabra de la primera fila. En los huecos de la rejilla (giro de 180°) se escribe la tercera palabra de la primera fila. En los huecos de la rejilla (giro de 270°) se escribe la cuarta palabra de la primera fila. Con esto, se llenan las 36 casillas de una malla cuadrada 6 × 6.

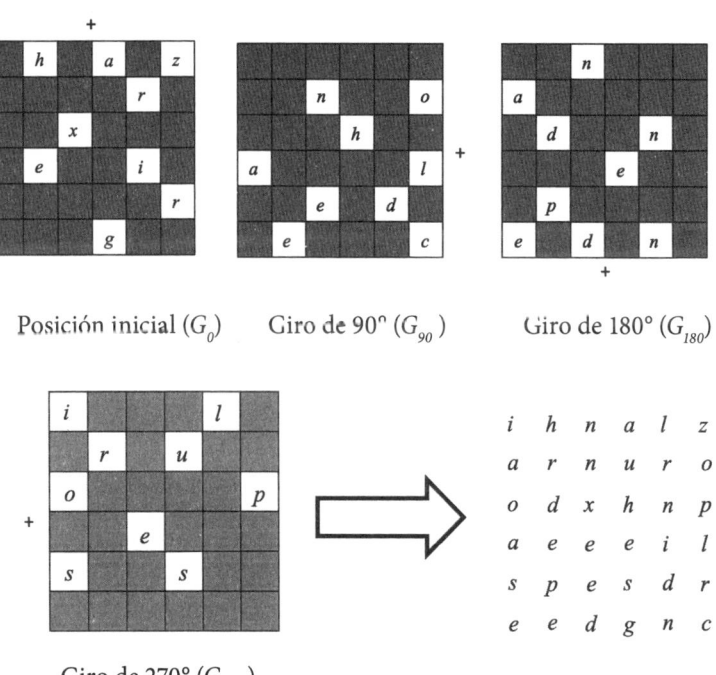

Posición inicial (G_0)   Giro de 90° (G_{90})   Giro de 180° (G_{180})

Giro de 270° (G_{270})

151

De este modo se obtiene la primera columna del mensaje cifrado.

[γ] En los huecos de la rejilla (posición inicial) se escribe la primera palabra de la segunda fila (véase el apartado [α]). En los huecos de la rejilla (giro de 90°) se escribe la segunda palabra de la segunda fila. En los huecos de la rejilla (giro de 180°) se escribe la tercera palabra de la segunda fila. En los huecos de la rejilla (giro de 270°) se escribe la cuarta palabra de la segunda fila. Con esto, se llenan las 36 casillas de una malla cuadrada 6 × 6.

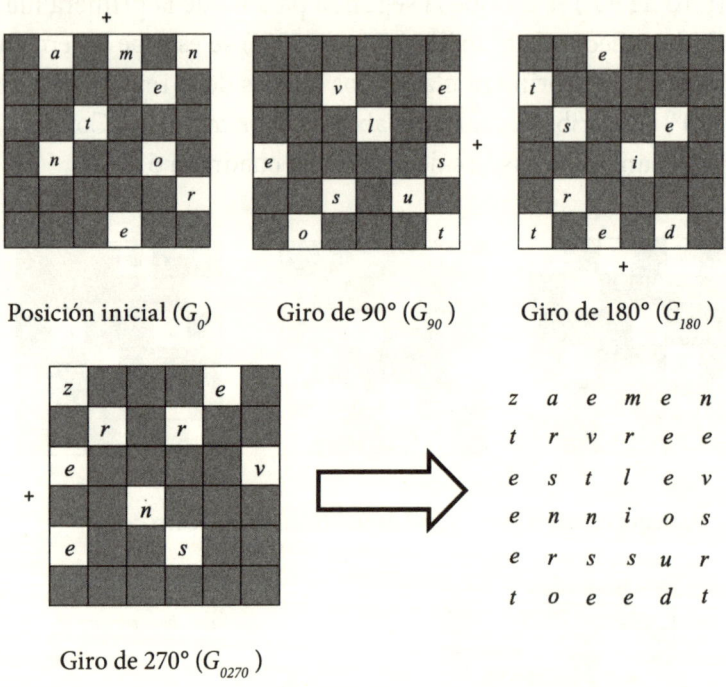

Posición inicial (G_0)   Giro de 90° (G_{90})   Giro de 180° (G_{180})

Giro de 270° (G_{0270})

Así se forma la segunda columna del mensaje cifrado.

[δ] Para obtener la tercera y última columna del mensaje cifrado se procede como en [β] y [γ] con las palabras de la tercera fila de [α].

REFERENCIAS BIBLIOGRÁFICAS

- ORTEGA TRIGUERO, J. et al. (2006). *Introducción a la criptografía: historia y actualidad.* Cuenca: Ediciones de la Universidad de Castilla-La Mancha.
- VERNE, J. (1885). *Mathias Sandorf.* París: J. Hetzel.

REFERENCIAS ONLINE

- José Ramón Soler Fuensanta
  La rejilla. Historia de un instrumento de cifrado.
  http://www.criptohistoria.es/files/rejilla.pdf

Mirifiques aventures de Maitre Antifer.

Capítulo 8.
El tesoro escondido

En 1894 se publicaron las *Maravillosas aventuras de Antifer* con ilustraciones de G. Roux. La novela se estructura en dos partes con dieciséis capítulos cada una.

A grandes rasgos, el argumento de la obra es el siguiente.

En 1842, el marino francés Thomas Antifer recibe una carta del acaudalado egipcio Kamylk-Pachá, al que había salvado la vida cuarenta y tres años antes.

En ella se le comunica la latitud de un lugar que, con una longitud desconocida que se le revelará más adelante, le puede convertir en un hombre inmensamente rico.

LA CARTA DE ZAMYLK

«Se ruega al capitán Thomas Antifer que anote en su cuaderno de apuntes la latitud 24 grados 59 minutos norte, que se completará con una longitud que le será comunicada más adelante. Deberá guardarla en secreto y no olvidarla. Para él tiene un interés considerable. La enorme suma de oro, diamantes y piedras preciosas que esta latitud y esta longitud le reportarán algún día, no será más que la justa recompensa a los servicios que prestó en otros tiempos al prisionero de Jaffa».

En 1854, poco antes de su muerte, Thomas Antifer pone en conocimiento de su hijo Pierre-Servan-Malo el contenido de la misiva.

A partir de entonces, el contramaestre de cabotaje Pierre Antifer vive pendiente de que le sea comunicada la longitud desconocida.

Hasta 1862 no sucede nada relacionado con dicho asunto. Este año entra en escena Ben-Omar, notario de Alejandría, que notifica a Antifer la muerte de Zamylk en 1852, y le propone la compra de la carta que el potentado egipcio remitió a su padre.

El fedatario alejandrino conoce la existencia de dicho documento dado que se cita en el testamento que Zamylk le remitió en 1842 con la orden explícita de que no se leyera hasta diez años después de su muerte.

EL TESTAMENTO DE ZAMYLK

«Nombro mi ejecutor testamentario a Ben-Omar, notario de Alejandría, al que le corresponderá el uno por ciento de mi fortuna, que consiste en oro, diamantes y piedras preciosas, cuyo valor se estima en cien millones de francos. En el mes de septiembre de 1831, los tres barriles conteniendo este tesoro fueron depositados en una cavidad abierta en la punta meridional de cierto islote. Dicho islote se encontrará fácilmente si se combina la longitud de cincuenta y cuatro grados, cincuenta y siete minutos al este del meridiano de París con la latitud enviada secretamente, en 1842, a Thomas Antifer, de Saint-Malo, Francia. Ben-Omar deberá llevar personalmente esta longitud al antedicho Thomas Antifer o, en caso de que haya muerto, ponerlo en conocimiento de su heredero más cercano. Debe acompañar a dicho heredero durante las investigaciones que conducirán al descubrimiento del tesoro, que está en la base de una roca marcada con la doble K de mi nombre.

Con exclusión de mi indigno primo Murad y de su hijo Sauk, no menos indigno, Ben-Omar se pondrá en contacto con Thomas Antifer o sus herederos directos, conformándose a las indicaciones formales que serán recibidas posteriormente durante dichas investigaciones.

Tal es mi voluntad, que debe respetarse en todas sus causas y en todos sus efectos...

Escrito en la cárcel de El Cairo, por mi propia mano, el 9 de septiembre de 1842».

KAMYLK-PACHA

Sospechando alguna artimaña por parte del notario, Antifer fija un precio de venta prohibitivo: cincuenta millones de francos.

Dicha intuición está del todo justificada ya que Ben-Omar trabaja para Sauk que, desheredado por Kamylk, pretende acceder a la fortuna del pachá.

157

La doble K.

Ante la negativa de Pierre-Servan-Malo a vender la carta, los dos compinches acuden al domicilio de Antifer para comunicarle la longitud 54° 57′ este. Su objetivo es descubrir el emplazamiento del tesoro cuando se presente una ocasión propicia. En la reunión también está presente Gildas Trégomain, amigo del contramaestre. Sauk es presentado como Nazim, ayudante de Ben-Omar.

Nazim [= Sauk], Antifer, Ben-Omar y Trégomain.

Una vez conocidas las dos coordenadas geográficas, Antifer, su sobrino Juhel, Gildas Trégomain, Ben-Omar y Nazim, emprenden un viaje que les conduce a tres islotes: el primero en el golfo de Omán, el segundo en el golfo de Guinea y el tercero en las proximidades de Groenlandia.

Durante este periplo, Julio Verne introduce algunos asuntos de carácter matemático que vamos a considerar en los siguientes parágrafos.

1. EL PESO Y TRANSPORTE DE CIEN MILLONES DE FRANCOS EN ORO

En el capítulo XI de la primera parte, Antifer y Gildas Trégomain mantienen una conversación concerniente al peso y traslado de cien millones de francos en oro. En ella se hace uso de la popular regla de tres directa.

«—¿No has visto nunca un millón en oro?

—¡Nunca… ni en sueños!

—¿Y no sabes cuánto pesa?

—No.

—Pues yo sí, barquero, porque he tenido la curiosidad de calcularlo.

—Dilo.

—Un lingote de oro que vale un millón pesa unos trescientos veintidós kilos.

—¿Nada más? —respondió ingenuamente Gilas Trégomain.

Antifer le miró sorprendido y, ante la franqueza de la pregunta, prosiguió:

—Si un millón pesa trescientos veintidós kilos, entonces cien millones pesarán treinta y dos mil doscientos. ¿Y sabes cuántos hombres, cargados con cien kilos cada uno, harán falta para transportar estos cien millones?

—Acaba, amigo mío.

—Pues trescientos veintidós».

2. ¿ERROR DE CÁLCULO?

En el capítulo XII de la segunda parte se alude a la parte del tesoro de Kamylk que correspondería a cada uno de sus tres herederos: Antifer, Zambuco (banquero de Malta) y Tyrcomel (clérigo de Edimburgo).

> «—No se trata solo de eso —dijo Antifer. ¿Conoce usted el valor de este tesoro?
>
> —¡Qué me importa! —replicó Tyrcomel.
>
> —Es de cien millones de francos… cien millones… cuya tercera parte son treinta y tres millones para usted».

Comentario

Cualquier alumno de los niveles básicos de enseñanza no dudaría en afirmar que el cálculo desarrollado en el pasaje anterior es incorrecto, dado que:

$$\frac{100.000.000}{3} = 33.333.333,33\ldots\ldots$$

Sin embargo, dado que en el testamento de Kamylk se establece que el notario Ben-Omar debe recibir el uno por ciento de su fortuna, resulta que la parte correspondiente a cada uno de los tres herederos viene dada por:

$$\frac{100.000.000 - \frac{100.000.000}{100}}{3} = \frac{100.000.000 - 1.000.000}{3} = \frac{99.000.000}{3} = 33.000.000$$

3. UN PROBLEMA GEOMÉTRICO

Para localizar los tres barriles que contienen el tesoro de Kamylk, los protagonistas de la novela descubren sucesivas pistas que consisten en las coordenadas geográficas de tres islotes (véase la tabla adjunta).

	φ (longitud)	θ (latitud)
Islote 1	54° 57′ este	24° 59′ norte
Islote 2	7° 23′ este	3° 17′ sur
Islote 3	15° 11′ este	77° 19′ norte

En la tercera isla, encerrado en una caja decorada con la doble K, encuentran un pergamino muy deteriorado escrito en francés, que contiene la siguiente información:

> «Hay tres personas a las que estoy obligado y a las que quiero dejar testimonio de mi reconocimiento. El haber depositado los tres documentos en tres islotes diferentes tiene por objetivo poner en relación a estas tres personas, uniéndolas en indisoluble lazo de amistad.
>
> Por muchas dificultades que hayan padecido para lograr la posesión de esta fortuna, más pasé yo para conservarla.
>
> Estas tres personas son: el francés Antifer, el maltés Zambuco y el escocés Tyrcomel. A su muerte su derecho pasará a sus legítimos herederos. Una vez abierta esta caja en presencia del notario Ben-Omar, y enterados de este documento, que es el último, los herederos podrán ir al cuarto islote, en el que están enterrados los tres barriles que contienen oro, diamantes y otras piedras preciosas.
>
> Para encontrar este islote se debe llevar…

Islote… situado… ley… geométrica…
Polo».

Dado que en el documento anterior no aparece dato alguno (longitud y latitud) que permita localizar el cuarto islote, los tres herederos abandonan la idea de localizar el tesoro.

Énogate[60], Juhel y el globo terráqueo.

---

60   Esposa de Juhel y sobrina de Antifer.

Sin embargo, transcurrido algún tiempo, durante una conversación en la que Juhel cuenta a su esposa algunos detalles del viaje para descubrir las tres islas, Énogate se percata de que estas están situadas sobre una circunferencia del globo terrestre.

Ante este hecho, Juhel razona del modo siguiente:

«Los tres islotes están situados sobre la circunferencia de un mismo círculo. Pues bien; supongamos que los tres están en un mismo plano, unámoslos dos a dos por una recta —la línea que 'se debe llevar', como dice el documento— y levantemos una perpendicular por el punto medio de cada una de estas líneas... Estas perpendiculares se cortarán en el centro del círculo. En este punto central[61], en este 'polo', dado que se trata de un casquete esférico, está situado necesariamente el islote número cuatro».

[Capítulo XV, 2ª parte]

A partir de aquí, el sobrino de Antifer determina las coordenadas geográficas del islote 4 del modo siguiente:

«Juhel cogió la esfera y la puso en medio de la mesa. Con una regla flexible y un tiralíneas en la mano, como si estuviera trabajando sobre un plano, unió por una línea Máscate (islote 1) y Ma-Yumba (islote 2), y por una segunda línea Ma-Yumba y Spitzberg (islote 3). En los puntos medios de ambas levantó dos perpendiculares, cuyo punto de intersección coincidía con el centro del círculo.

---

61   Es el centro de la circunferencia circunscrita a un triángulo y se llama *circuncentro*.

(…) Después de tomar el meridiano y el paralelo correspondientes a dicho punto, dijo con voz firme:

Treinta y siete grados veintiséis minutos latitud norte, y diez grados treinta y tres minutos longitud este del meridiano de París».

[Capítulo XV, 2ª parte]

Comentario 1

El método gráfico utilizado por Juhel para determinar la longitud y la latitud del cuarto islote resulta poco preciso, dado que en un globo terráqueo no es fácil dibujar un arco perpendicular a otro y que pase por su punto medio.

Además, cualquier error cometido sobre un globo terrestre se amplifica notablemente sobre la superficie de nuestro planeta.

En efecto.

El radio medio de la Tierra es de 6371 km Si admitimos que el radio del globo utilizado por Énogate y Juhel es de 20 cm, entonces la razón de semejanza [= factor de ampliación] es igual a:

$$\frac{637.100.000}{20} = 31.855.000$$

Por consiguiente, un error de 1mm en el globo equivale a un error de 31.855.000 mm ≅ 32 km en la Tierra.

Comentario 2

Teniendo en cuenta las consideraciones precedentes, vamos a utilizar un procedimiento más riguroso para calcular la posición del islote 4.

Antes de entrar de lleno en la descripción de dicho

método, resulta imprescindible hacer unas breves consideraciones concernientes a las coordenadas esféricas y las coordenadas cartesianas en el espacio tridimensional.

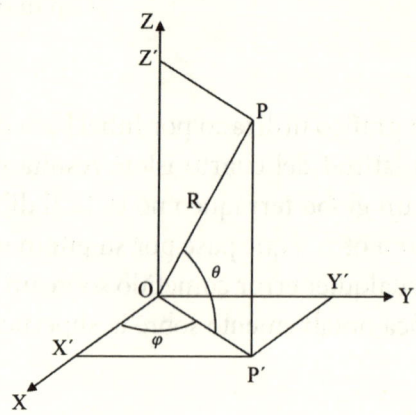

En la figura anterior, R representa el radio medio de la Tierra, φ la longitud del punto P, θ la latitud de P. En esta situación, decimos que (R, φ, θ) son las coordenadas esféricas del punto P.

Por otro lado, OX′= x , OY′= y, OZ′= z son las coordenadas cartesianas de P.

Además:

$$\begin{cases} x = R\cos\theta \cos\varphi \\ y = R\cos\theta \operatorname{sen}\varphi \\ \quad z = R\operatorname{sen}\theta \end{cases} \qquad [1]$$

Las expresiones anteriores permiten obtener las coordenadas cartesianas de P en función de sus coordenadas esféricas.

A partir de [1] se tiene que:

$$x^2 + y^2 + z^2 = R^2 \cos^2\theta \cos^2\varphi + R^2 \cos^2\theta \,\text{sen}^2\varphi + R^2\text{sen}^2\theta =$$

$$= R^2\cos^2\theta(\cos^2\varphi + \text{sen}^2\varphi) + R^2\text{sen}^2\theta = R^2\cos^2\theta + R^2\text{sen}^2\theta =$$

$$= R^2(\cos^2\theta + \text{sen}^2\theta) = R^2 \quad [2]$$

$$\frac{y}{x} = \frac{R\cos\theta\,\text{sen}\varphi}{R\cos\theta\,\cos\varphi} = \text{tag}\varphi \Rightarrow \varphi = \text{arctg}\frac{y}{x} \quad [3]$$

$$z = R\,\text{sen}\theta \Rightarrow \text{sen}\theta = \frac{z}{R} = \frac{z}{\sqrt{x^2 + y^2 + z^2}} \Rightarrow \theta = \text{arcsen}\frac{z}{\sqrt{x^2 + y^2 + z^2}} \quad [4]$$

Las expresiones [2], [3] y [4] permiten obtener las coordenadas esféricas de P a partir de sus coordenadas cartesianas.

Con estas herramientas vamos a calcular la latitud y la longitud del cuarto islote, representado por el punto M en la figura siguiente. Además, en dicho diagrama, O es el centro de la Tierra, 1 es el primer islote, 2 es el segundo islote, 3 es el tercer islote, y M′ es el circuncentro del triángulo determinado por los tres islotes.

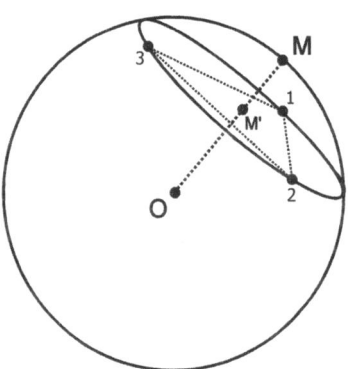

El procedimiento que vamos a utilizar hace uso de algunos conocimientos básicos de la geometría analítica 3D y se puede esquematizar en las fases siguientes:

167

— Cálculo de las coordenadas de un vector direccional de la recta que pasa por los puntos O y M. Dicha recta es perpendicular al plano determinado por los islotes 1, 2 y 3.
— Ecuación de la recta .
— Intersección de la recta con la superficie esférica de la Tierra.

Sea R el radio medio de la Tierra, (R, φ_1, θ_1) las coordenadas esféricas del primer islote, (R, φ_2, θ_2) las coordenadas esféricas del segundo islote, y (R, φ_3, θ_3) las coordenadas esféricas del tercer islote.

Con esto, teniendo en cuenta las expresiones [1], las coordenadas cartesianas de las islas 1, 2 y 3 son:

$$\text{isla 1} \begin{cases} x_1 = R\cos\theta_1 \cos\varphi_1 \\ y_1 = R\cos\theta_1 \, \text{sen}\varphi_1 \\ \quad z_1 = R\,\text{sen}\theta_1 \end{cases}$$

$$\text{isla 2} \begin{cases} x_2 = R\cos\theta_2 \cos\varphi_2 \\ y_2 = R\cos\theta_2 \, \text{sen}\varphi_2 \\ \quad z_2 = R\,\text{sen}\theta_2 \end{cases}$$

$$\text{isla 3} \begin{cases} x_3 = R\cos\theta_3 \cos\varphi_3 \\ y_3 = R\cos\theta_3 \, \text{sen}\varphi_3 \\ \quad z_3 = R\,\text{sen}\theta_3 \end{cases}$$

COORDENADAS DE UN VECTOR DIRECCIONAL DE LA RECTA r_{OM}

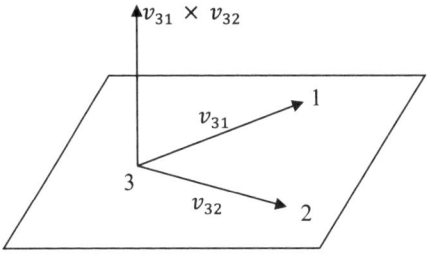

En la figura anterior v_{31} es el vector con origen en el punto 3 y extremo en el punto 1, y v_{32} representa el vector con origen en el punto 3 y extremo en el punto 1.

En esta situación, las coordenadas de dichos vectores son:

$$v_{31} (x_1 - x_3, y_1 - y_3, z_1 - z_3)$$

$$v_{32} (x_2 - x_3, y_2 - y_3, z_2 - z_3)$$

Además, el vector $v_{31} \times v_{32}$ (producto vectorial de v_{31} por v_{32}) es perpendicular a v_{31} y a v_{32}. En consecuencia, $v_{31} \times v_{32}$ es perpendicular al plano determinado por los islotes 1, 2 y 3. Por tanto, $v_{31} \times v_{32}$ es un vector direccional de la recta r_{OM}.

Dado que las coordenadas de $v_{31} \times v_{32}$ son:

$$\left(\begin{vmatrix} y_1 - y_3 & z_1 - z_3 \\ y_2 - y_3 & z_2 - z_3 \end{vmatrix}, - \begin{vmatrix} x_1 - x_3 & z_1 - z_3 \\ x_2 - x_3 & z_2 - z_3 \end{vmatrix}, \begin{vmatrix} x_1 - x_3 & y_1 - y_3 \\ x_2 - x_3 & y_2 - y_3 \end{vmatrix} \right),$$

ya conocemos las coordenadas de un vector direccional de la recta r_{OM}.

ECUACIÓN DE LA RECTA

Como la recta r_{OM}, pasa por el punto O, origen de coordenadas, y tiene el vector $v_{31} \times v_{32}$ como vector direccional, las ecuaciones continúas de r_{OM} son:

$$\frac{x}{\begin{vmatrix} y_1 - y_3 & z_1 - z_3 \\ y_2 - y_3 & z_2 - z_3 \end{vmatrix}} = \frac{y}{-\begin{vmatrix} x_1 - x_3 & z_1 - z_3 \\ x_2 - x_3 & z_2 - z_3 \end{vmatrix}} = \frac{z}{\begin{vmatrix} x_1 - x_3 & y_1 - y_3 \\ x_2 - x_3 & y_2 - y_3 \end{vmatrix}}$$

A partir de ellas se obtienen las ecuaciones paramétricas:

$$\begin{cases} x = \lambda \begin{vmatrix} y_1 - y_3 & z_1 - z_3 \\ y_2 - y_3 & z_2 - z_3 \end{vmatrix} \\ y = -\lambda \begin{vmatrix} x_1 - x_3 & z_1 - z_3 \\ x_2 - x_3 & z_2 - z_3 \end{vmatrix} \\ z = \lambda \begin{vmatrix} x_1 - x_3 & y_1 - y_3 \\ x_2 - x_3 & y_2 - y_3 \end{vmatrix} \end{cases} \quad [5]$$

INTERSECCIÓN DE r_{OM} CON LA SUPERFICIE DE LA TIERRA

La ecuación de la esfera de radio R cuyo centro es O viene dada por

$$x^2 + y^2 + z^2 = R^2$$

Por tanto, las coordenadas cartesianas del punto M (intersección de la recta con la superficie esférica de la Tierra) se obtienen resolviendo el siguiente sistema de ecuaciones:

$$\begin{cases} x = \lambda \begin{vmatrix} y_1 - y_3 & z_1 - z_3 \\ y_2 - y_3 & z_2 - z_3 \end{vmatrix} \\ y = -\lambda \begin{vmatrix} x_1 - x_3 & z_1 - z_3 \\ x_2 - x_3 & z_2 - z_3 \end{vmatrix} \Rightarrow \\ z = \lambda \begin{vmatrix} x_1 - x_3 & y_1 - y_3 \\ x_2 - x_3 & y_2 - y_3 \end{vmatrix} \\ x^2 + y^2 + z^2 = R^2 \end{cases}$$

$$\Rightarrow \lambda^2 \begin{vmatrix} y_1 - y_3 & z_1 - z_3 \\ y_2 - y_3 & z_2 - z_3 \end{vmatrix}^2 + \lambda^2 \begin{vmatrix} x_1 - x_3 & z_1 - z_3 \\ x_2 - x_3 & z_2 - z_3 \end{vmatrix}^2 + \lambda^2 \begin{vmatrix} x_1 - x_3 & y_1 - y_3 \\ x_2 - x_3 & y_2 - y_3 \end{vmatrix}^2 = R^2$$

$$\Rightarrow \lambda = \pm \frac{R}{\sqrt{\begin{vmatrix} y_1 - y_3 & z_1 - z_3 \\ y_2 - y_3 & z_2 - z_3 \end{vmatrix}^2 + \begin{vmatrix} x_1 - x_3 & z_1 - z_3 \\ x_2 - x_3 & z_2 - z_3 \end{vmatrix}^2 + \begin{vmatrix} x_1 - x_3 & y_1 - y_3 \\ x_2 - x_3 & y_2 - y_3 \end{vmatrix}^2}}$$

Sustituyendo estos valores de λ en [5] se obtienen las coordenadas cartesianas de dos puntos de la superficie terrestre. Uno de ellos es el punto M.

Designando por (x_4, y_4, z_4) las coordenadas cartesianas de M, sustituyéndolas en [3] y [4] se obtiene la longitud φ_4 y la latitud θ_4 del islote 4:

$$\varphi_4 = \text{arctg}\frac{y_4}{x_4}$$

$$\theta_4 = \text{arcsen} \frac{z_4}{\sqrt{x_4{}^2 + y_4{}^2 + z_4{}^2}}$$

REFERENCIAS BIBLIOGRÁFICAS

– VERNE, J. (1894). *Mirifiques aventures de Maitre Antifer*. Paris: J. Hetzel.

171